U0322721

国家自然科学基金面上项目(51674116)资助
国家重大科研仪器研制项目(51927808)资助
湖南省自然科学基金面上项目(2020JJ4311)资助

深部巷道岩爆的静、动力学发生机制及控制理论

王　斌　李夕兵　著

中国矿业大学出版社
·徐州·

内 容 提 要

本书从时变力学与岩石冲击动力学的全新角度开展了深部巷道岩爆发生机理、预测及其控制的研究。主要内容包括：深部巷道岩爆孕育发生的静、动力学特征，巷道岩爆发生机制的动力学因素分析，饱水砂岩强度动态试验及细观分析，水防治巷道岩爆的静、动力学机理、深部巷道动静组合支护原理及工程应用。

本书可作为高等院校采矿工程、地下工程、水利水电、隧道工程等与岩石力学相关专业研究生的教学参考书，也可供研究院所的科研人员和设计单位的工程设计人员参阅。

图书在版编目(CIP)数据

深部巷道岩爆的静、动力学发生机制及控制理论 / 王斌，李夕兵著. — 徐州 ：中国矿业大学出版社，2020.10

ISBN 978-7-5646-3976-1

Ⅰ. ①深… Ⅱ. ①王… ②李… Ⅲ. ①巷道掘进—岩爆—研究 Ⅳ. ①TD263.3

中国版本图书馆 CIP 数据核字(2020)第 204406 号

书　　名　深部巷道岩爆的静、动力学发生机制及控制理论
著　　者　王　斌　李夕兵
责任编辑　张海平　陈红梅
出版发行　中国矿业大学出版社有限责任公司
　　　　　　(江苏省徐州市解放南路　邮编 221008)
营销热线　(0516)83884103　83885105
出版服务　(0516)83995789　83884920
网　　址　http://www.cumtp.com　**E-mail**:cumtpvip@cumtp.com
印　　刷　江苏淮阴新华印务有限公司
开　　本　787 mm×960 mm　1/16　**印张** 10.75　**字数** 205 千字
版次印次　2020 年 10 月第 1 版　2020 年 10 月第 1 次印刷
定　　价　45.00 元

(图书出现印装质量问题，本社负责调换)

前　言

全球经济高速发展，各国对各类资源的需求水平不断提升，许多矿山已相应进入深部资源开采状态。同时，水利水电、铁路(公路)交通隧道等行业领域的岩体工程向深部开发力度持续扩大，深部巷道的掘进工作量巨大。例如全球采深第二的南非陶托那金矿(TauTona Mine)自建矿以来，至今已开挖了超过 800 km 的巷道。在我国，据相关文献统计，每年掘进巷道约 6 000 km；隧道掘进的"长、大、深、群"的特点依然明显，继雅砻江锦屏二级水电站、辽宁大伙房水库输水一期工程等深埋隧洞的完工，2018 年我国川藏铁路建设完成了岩温最高达 89.9 ℃、全长16.449 km 的桑珠岭隧道，成都地铁完成国内首条穿越高瓦斯地层、全长 9.7 km 的龙泉山隧道等。深部岩体工程中所面临的诸如高地温、高岩溶水压、瓦斯、岩爆等岩石力学问题已成为国内外研究的焦点，其中，由高地应力诱发的岩爆问题是其中最具典型和代表性的，是深部巷道或隧洞施工中的重要安全隐患。例如桑珠岭隧道岩爆区长约 9.5 km，其中强岩爆区长达 1.5 km，施工中发生 16 000 余次岩爆；全长 13.037 km 的巴玉隧道，94 %位于岩爆区，单次岩爆最长持续时间达 20 余小时，在世界隧道施工史上实属罕见；2018 年 10 月，山东龙矿集团龙郓煤矿 1303 泄水巷掘进工作面附近发生冲击地压造成数十名矿工遇难。可见，巷道岩爆的危害性，不仅体现在对巷道施工进度的影响，而且还会对工程设备与施工人员造成严重的安全威胁，国内外工程领域与安全技术领域都将深部巷道岩爆预测与控制列为重点技术攻关项目。

世界上进行有组织的岩爆系统研究始于 20 世纪 50 年代，南非更早于 1915 年成立了专门的岩爆研究机构，并被认为是岩爆发生机理研究开始的标志，1977 年国际岩石力学学会成立了延续至今的专门的岩爆研究组，1982 年南非首次发起国际岩爆与微震活动性学术研讨会(RaSiM)。近几年，我国对岩石工程领域的岩爆问题日益关注，2009 年 8 月第 7 届国际岩爆与微震活动性学术研讨会(RaSiM7)在辽宁大连成功举办，2010 年在四川西昌召开岩爆监测预报与控制学术研讨会，2011 年 7 月中国科协学术沙龙"岩爆机理探索"在北京成功举行，2019 年 4 月岩爆孕育机制、预测模型与灾害控制高端论坛在沈阳成功举行。尽管以岩爆为主题的国际国内学术会议已经举行了十多次，但是岩爆机理的研究大多停留在定性解释的阶段，2018 年国家最高科学技术奖获得者中国工程院院士钱七虎直言，岩爆机理及其预测预警和防治研究是我国岩石力学界必须致力解决的关键科学问题和技术难题。

深部岩体工程响应与浅部岩体工程响应相比具有迥异的特点，如深部围岩分区破裂化、深部岩体的脆-延性转化等一系列新的科学特征，这无疑是对深部工程岩体岩爆研究的巨大挑战。因此，要解决岩爆灾害问题，必须拓宽岩爆研究思路，在深部岩体工程的基础理论研究上有所突破、技术上有所创新。从岩爆发生的特点及表现形式上看，它的学科属性应当归于岩石动力学的范畴，而以岩石准静力学理论为基础、剩余能量理论占主导的岩爆发生机理研究是有局限性的，现有岩爆发生机制研究主流是基于不变边界系统的传统静（动）力学，还不能阐明岩爆的全部机理。

本书围绕深部巷道岩爆问题研究的主线，从时变动力学、岩石冲击动力学和细观力学等全新角度开展了深部巷道岩爆发生机制、预测预报及其控制措施的研究。本书的研究成果是基于贵州省开磷集团矿业总公司马路坪矿的第一手资料及本人在中南大学攻读博士学位期间的试验数据。在此，衷心地感谢中南大学李夕兵教授团队老师们的悉心指导及开磷集团矿业总公司的有关管理与工程技术人员的帮助。本书的出版得到了国家自然科学基金面上项目（51674116）、国家重大科研仪器研制项目（51927808）和湖南省自然科学基金面上项目（2020JJ4311）的资助，在此表示感谢。书中引用了国内外许多专家和学者的文献资料，对这些专家和学者表示诚挚的谢意。

由于作者水平所限，书中难免存在错误和疏漏之处，恳请广大读者不吝批评和赐教。

著　者

2019 年 12 月

目 录

第一章 绪 论

第一节 深部巷道岩爆研究的意义

随着浅部资源逐渐枯竭，矿山岩体工程已向深部发展，国内外开采深度超千米的矿山已很普遍。国外采深超过 1 000 m 的金属矿山有 112 座，目前世界上开采最深的矿山位于南非约翰内斯堡(Johannesburg)地区的姆波尼格(Mponeng)金矿，其正在生产水平的深度已超过 4 000 m，竖直从地表到矿底需要一个小时[1]，该矿计划开拓延深至 4 500 m[2]。表 1-1 给出了开采深度世界排名前十的矿井[3]，其中有 8 个位于南非，其余 2 个位于加拿大。国内采深超过 1 000 m的金属矿山有 15 座(其中金矿 8 座，有色金属矿山 7 座)[4]，如吉林夹皮沟金矿、云南会泽铅锌矿和大红山铁矿均超过 1 300 m；单井筒深度超过千米的也日益普遍，如山东瑞海集团莱州金矿进风井筒深 1 530 m、中国黄金纱岭金矿井筒深 1 633.5 m。

表 1-1 全世界开采深度排名前十的矿山[3]

矿山名称	矿山位置	所在国家	矿井深度
姆波尼格(Mponeng)金矿	约翰内斯堡西南部	南非	>4 000 m
陶托那(TauTona)金矿	西部威茨地区	南非	>3 900 m
萨吾卡(Savuka)金矿	西部威茨地区	南非	>3 700 m
德里方丹(Driefontein)金属矿	豪登省卡拉托威尔地区	南非	>3 400 m
科萨塞拉苏(Kusasalethu)金矿	约翰内斯堡西部	南非	>3 276 m
莫阿布·霍松(Moab Khotsong)金矿	约翰内斯堡西南部	南非	>3 054 m
索思·迪普(South Deep)金矿	约翰内斯堡西南部	南非	>2 995 m
基德克里克(Kidd Creek)铅锌矿	安大略省蒂明斯地区北部	加拿大	>2 927 m
格瑞诺利格瓦(Great Noligwa)金矿	瓦尔河地区奥克尼镇东南部	南非	>2 600 m
克莱顿(Creighton)镍矿	安大略省萨德伯里市	加拿大	>2 500 m

煤炭是各国的重要能源基础，在我国，煤炭的能源结构占比达 58 %(2018 年)。随着浅部煤炭资源的逐渐减少甚至枯竭，地下开采的深度越来越大[5]，国外如波兰煤矿开采深度普遍达到 1 200 m，德国鲁尔区哈安姆(Heim)煤矿最大采深达 1 480 m，俄罗斯顿巴斯矿区开采深度超过 1 200 m 的就有 30 个矿井；国内如开滦赵各庄煤矿、徐州张小楼煤矿、北票冠山煤矿、淮南谢一煤矿、丰城曲江煤矿和山东新巨龙煤矿都是千米深井[6]。我国煤炭总储量中，埋深大于1 000 m 的储量占 53.17 %，开采深度正以每年 8～12 m 的速率增加[7]。同时，水利水电、铁路(公路)交通隧道等工程向深部发展，尤其是西部大开发战略的实施以及南水北调、西气东输等重大工程的启动，地下硐室的"长、大、深、群"的特点日益明显，如秦岭隧洞全长约为 18 460 m，最大埋深为 1 600 m；我国锦屏二级水电站引水隧洞洞线平均长度为 16.7 km，埋深为 1 500～2 000 m，最大埋深约为 2 525 m[8]。陆地深部资源开采量及开采程度取决于技术水平支撑及深部地温导致的矿工作业安全及极限承受能力，要解决提升、排水和高地温等技术难题；另外，和深埋隧洞工程一样，还要面对高应力条件下诸多特殊工程灾害(如岩爆、冲击地压等)给深部岩体工程设计和施工安全带来的巨大挑战[9-10]。

岩爆(rockburst)是高应力条件下地下采矿和隧道工程中的一种人工地质灾害，具有围岩突然、猛烈地向开挖空间弹射、抛掷、喷出以及洞壁片状剥落的动力学特征，作为一种动力失稳地质灾害，具有滞后性、延续性、突发性、猛烈性及危害性等特点，严重地威胁着地下结构、人员和设备的安全。1738 年英国锡矿岩爆被首次报道以来，已有数十个国家和地区记录有岩爆问题[11]。南非是目前世界上采矿深度最大的国家，同时也是世界上岩爆最严重的国家[12]，1960 年 1 月南非的科布洛克北(Coalbrock North)煤矿发生岩爆，井下破坏面积达 300 万平方米，死亡 432 人，是目前煤矿岩爆最大的一次灾难[13-14]；南非的萨吾卡金矿 2008 年发生的岩爆导致多条竖井破坏，直至于 2011 年才完全恢复生产[3]。秘鲁的安第斯山奥尔莫斯(Trans-Andean Olmos)隧道全长 13 km，最大埋深 2 000 m，共发生 10 686 次岩爆[15]。瑞士的戈特哈德贝斯(Gotthard Base)隧道开挖过程中从 2005 年 10 月至 2007 年 8 月共记录了 112 次矿震[16]。此外，挪威的赫古拉(Heggura)公路隧道、加拿大的福尔肯布里奇 (Falconbridge)镍矿、日本的关越隧道、印度的科拉尔 (Kolar)金矿、瑞典的维达斯(Vietas)水电站引水隧洞、美国的爱达荷(Idaho)铅锌银矿等均有岩爆发生[17]。我国最早记录的岩爆于 1933 年发生在抚顺胜利煤矿，当时开采深度仅 200 m，之后在国内的一系列矿山井巷工程和水电地下工程，如红透山铜矿、玲珑金矿、渔子溪一级水电站引水隧洞、天生桥二级电站引水隧洞、太平驿水电站引水隧洞、锦屏二级水电站引水隧洞、川藏公路二郎山隧道、秦岭铁路隧道、川藏铁路等，均有岩爆发生[17]。

锦屏水电站辅助隧道、排水隧道、引水隧道在施工过程中发生岩爆 1 000 余次[18]，如图 1-1 所示。2009 年 11 月，锦屏二级水电站施工排水洞时发生强岩爆，事故造成 7 人死亡，已有支护措施下的巷道 28 m 范围全部毁损，全断面硬岩隧道掘进机（TBM）也严重损坏；2011 年 11 月 3 日，河南省义马煤业集团股份有限公司千秋煤矿发生一起掘进巷道的重大冲击地压事故，发生位置距离掌子面（工作面，下同）数百米，该处已有支护措施，事故造成 10 人死亡[19]。因此，岩爆一旦发生，轻则给地下工程造成经济损失，重则带来灾难性后果。岩爆作为高应力条件下的灾害现象，在深部岩体工程中越来越频繁，尤其是深部工程岩体出现了岩石特性脆延转化、破坏特征异常、岩体分区破裂化等一系列新的特征，这对深部工程岩体中的岩爆研究带来巨大挑战。目前，岩爆仍是世界范围内地下岩体工程中最严重的地质灾害之一。

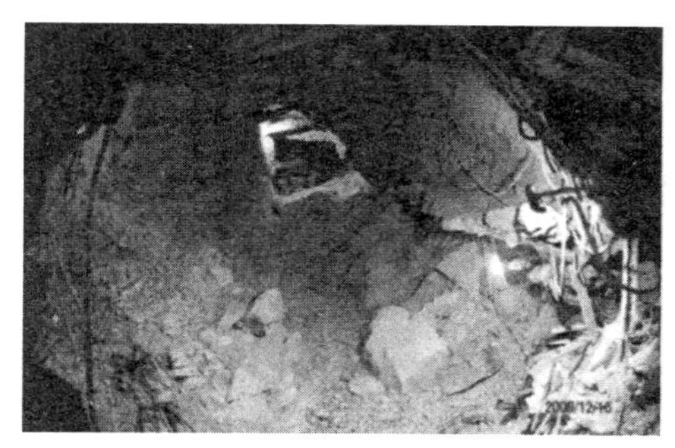
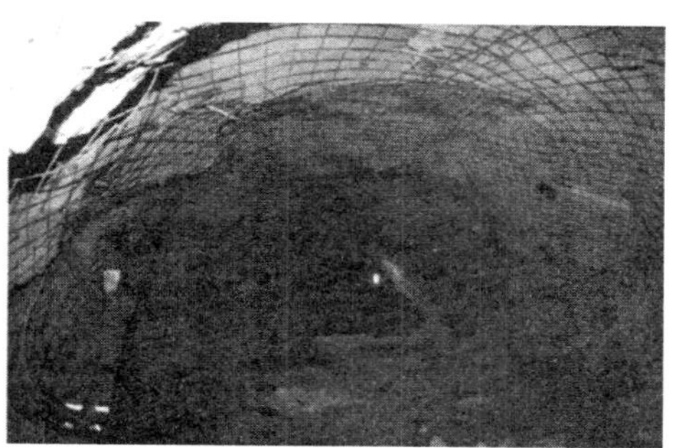

图 1-1　隧洞岩爆破坏情况[18]

岩爆研究通常可以分为相互联系的 4 个领域：岩爆实录（case histories）、岩爆发生机制（mechanism）、岩爆超前预报及岩爆控制技术（predicting and controlling）。其中，以工程实录为基础的岩爆发生机制研究是所有研究工作的核心，也是岩爆超前预报及控制技术发展的基础[20]。目前，岩爆发生机制研究尚未取得重大突破[21-22]，无法全面、合理地解释在不同类型岩体工程中出现的各类岩爆现象，也正是由于岩爆发生机制研究的滞后，影响了以此为基础的岩爆预测和控制技术的发展[20]。

鉴于岩爆发生机制的重要性，国内外学者对此从强度、能量、刚度、失稳、突变、损伤等不同角度进行了大量研究，得到了许多有益的结论，但这些研究以岩石准静力学理论为基础，以剩余能量理论占主导地位，所关注的主要是硐室原岩应力状态及开挖后围岩应力二次调整的最终结果[20]。岩爆发生机制静力学理论的核心之一：只有当硐室围岩应力达到或接近围岩破坏的极限状态，即切向应

力 σ_θ应达到或接近岩石的单轴抗压强度σ_c的水平时，岩爆才会发生。但是岩爆实录资料表明，大多数岩爆都是在σ_θ低于、甚至远低于σ_c的情况下发生的[20,23-25]。岩石静力学理论在岩爆发生机理研究中的作用是重要的，但局限性也是明显的。岩爆是人工开挖诱发的事件，如果岩体不被开挖，那岩体周边的围岩还会安然无恙地处在地下深处，而不同开挖顺序和不同的施工工艺导致围岩发生岩爆的可能性也有很大的不同。现场实践表明，钻爆掘进施工比 TBM 施工更易诱发岩爆[26-28]。可见，岩爆发生应该是涉及开挖过程及围岩应力调整的综合响应，这种响应超出岩石静力学的范畴。

限于岩石静力学理论在岩爆机理研究中的局限性，基于岩石动力学方面的岩爆研究已引起了人们的广泛关注。利特(Leet)[29]于 1951 年最早报道了关于地下工程爆破和岩爆之间震动关系的初步试验成果。祖贝莱维奇(Zubelewicz)等[30]最早把岩爆视为动态过程进行系统研究，认为岩爆是在岩体的静力稳定条件被打破时发生的动力失稳过程。陶振宇[23]指出，岩爆是内部积聚高弹性应变能的岩体在外界扰动作用下突然释放而引起的。王贤能等[31]认为，弹性应变能的积聚是产生岩爆的内因，外界动力扰动不仅触发岩爆，还会使岩爆规模发生变化。邵鹏[32]认为，岩爆是周期力和随机动力扰动影响下的岩板结构产生随机共振所引起的。围绕深部工程岩体的“三高一扰动”的力学特性，高应力静载和动载荷共同作用下诱发岩爆灾害的研究也倍受关注。唐春安(Tang)等[33]从细观力学的角度通过数值分析研究了高应力状态下岩爆现象。左宇军等[34-35]的一维动静组合加载岩石破坏研究表明，低稳定状态下的岩体在小扰动下就可能发生岩爆。李夕兵等[36]认为，对于承受高应力的岩体，即使较小的外界动力扰动，也可能会使其发生岩爆。

从岩爆的致因来看，岩爆源可以分为两大类：一是岩爆源在岩爆岩体本身，受到岩石结构形式、围岩受力状态和演化过程的控制；二是岩爆源在外部，如爆破震动、开采扰动等，使岩体原岩应力和外部扰动应力叠加而发生的岩爆[37-39]。前一类岩爆致因以岩石准静力学理论为主导，在此基础上，岩石动力学理论研究主要围绕后一类岩爆致因展开。由现有研究成果可以看出，岩爆源为外部扰动因素的岩石动力学问题的研究较多，以岩爆源为岩体本身因素的动力学问题研究较少。应该看到，深部岩体工程响应与浅部岩体工程响应相比具有迥异的特点，库尔伦亚(Kurlenya)等[40]和亚当斯(Adams)[41]、贺永年等[42]在深部开采现场发现了分区破裂化现象，并进一步通过实验验证了分区破裂化现象的存在；浅部表现为脆性的岩体在深部高应力条件下转变为延性，在开采卸载条件下又由延性向脆性转化[43-44]。这些现象用传统的连续介质力学理论已无法圆满解释；另外，开挖岩体自身的岩石结构形式、力学特性、围岩受力状态存在着某种形式的动力学机制，也可能会诱发岩爆。因此，要解决岩爆灾害问题，必须拓宽岩爆研究思路，在深部岩体工程的基础理论研究上有所突破、技术上有所创新。

岩爆作为灾害性地质现象，有其自身的发生、发展的条件和规律。张志强等[45]通过对近30个岩爆事故案例的调查分析，发现有涌水时岩爆现象不发生，而且具有岩爆倾向的岩石单轴抗压强度较高且围岩完整性好。陆家岭隧道的岩爆主要发生在干燥无水的、结构面发育适中的熔结凝灰岩岩体中[46]。因此，水为防治岩爆提供了思路，对洞壁围岩洒水或注水成为防治岩爆最常用并且较简单的一种方法，其效果得到了实践证实[47]。迄今，水对岩爆防治的研究都是现场试验和基于水损伤、水软化等静力学理论研究，从动力学角度进行研究的极少。应该看到，诸如地震、滑坡、岩爆等地质灾害现象，几乎都与应力脉冲或冲击载荷作用下的岩石破裂和应力波在岩石中的传播有关，相关防治领域都涉及材料、特别是岩石类准脆性材料的动态力学特性问题[48]。通常认为，高压注水的楔劈作用可以软化、降低岩体强度，但鲁宾（Rubin）等[49]和楼沩涛[50]利用霍布金森压杆试验对比干燥和水饱和花岗岩的动态拉断强度，发现水饱和花岗岩比干燥状态时更难以拉断。岩石处于水饱和条件下的动态力学特性需要进一步研究，这对揭示水环境下工程岩体岩爆灾害发生机理和防治意义重大。

在我国深井开采的矿山中，涉及煤矿和非煤矿山，因岩爆的发生与具体的岩性与赋存条件有关，应开展具有针对性的岩爆倾向性预测与控制方面的研究。目前，针对化工矿山（如磷矿山）的岩爆防治很少，尚未见到以具体深井开采条件下的磷矿山为对象来开展岩爆预测及控制的系统性研究的报道。开磷集团矿业总公司位于贵州省贵阳市，是我国磷肥生产基地，开采全国50%以上的优质磷矿石，对我国磷肥工业的发展有着举足轻重的作用。公司下属6个矿山中已有多个矿山开拓采准进入到+800～+600 m水平，距地表深度达500～600 m，矿床地压显现严重，岩爆问题日益凸显。本书以开阳磷矿马路坪矿深部开采岩爆为研究对象，从时变力学与岩石冲击动力学这两个全新的角度开展深部巷道岩爆发生机理研究，并将相关成果用于深部巷道岩爆预测及其控制措施的研究领域中。

第二节 国内外研究现状和进展

一、岩爆发生机制研究现状

岩爆发生机制研究旨在确定岩爆发生的条件和原因，揭露岩爆发生的内在规律。1915年南非成立了专门的岩爆研究机构，标志着岩爆发生机制研究的开始[51]。在近100年的研究过程中，岩爆发生机制在理论研究和实验室研究等方面均取得进展，提出了强度、刚度、能量等多种理论。尽管这些理论对岩爆的认识还不够深入，但它们互相促进影响，推动着对岩爆机制的认识从假说向成熟的理论发展[52]。岩爆发生机制研究经历了由静力学研究向静力学与动力学相结合的研究过程，岩爆机理研究所依托的试验研究手段由加载实验向加卸载实验转变，并由宏观力学实验向细观力学实验深入。

（一）基于静力学、静动力学的岩爆机制研究进展

20世纪20年代，琼斯首次提出了应力集中的概念，将这一理论应用于岩爆研究，相应提出了强度理论。早期的强度理论认为，井巷和采场周围产生应力集中，超过矿岩极限强度时，矿岩体突然发生破坏而形成岩爆。在强度理论指导下，各国学者对围岩体内形成应力集中的程度及其强度性质等方面做了大量工作。从20世纪50年代起，强度理论开始着眼于“矿体-围岩”系统复杂力学系统极限平衡条件的分析和推断，分别从莫尔准则、断裂韧度K_{IC}及能量释放率、剪切应力等多角度来反映强度理论。1980年，布雷迪（Brady）和布朗（Brown）提出了经验性的强度准则[53]：

$$\frac{\sigma_1}{\sigma_c}=\frac{\sigma_3}{\sigma_c}+\left(m\frac{\sigma_3}{\sigma_c}+1\right)^{1/2} \tag{1-1}$$

式中，σ_1为最大主应力；σ_c为岩石单轴抗压强度；σ_3为最小主应力；m为常数，与岩石性质和承载前已破坏的程度有关。

强度理论虽然可以直接描述煤岩在开采影响下的破坏机理并解释岩爆的一些现象，但忽略了岩爆的动力学特征，容易将具有弹射特征的岩爆破坏与围岩的一般脆性破坏相混淆。

库克（Cook）和哈德森（Hudson）[54-55]于20世纪60年代中期根据刚性实验机的试验情况，揭示出非刚性实验机与试件系统的不稳定性导致试件在峰值强度附近发生类似岩爆的突然失稳破坏现象。20世纪70年代布莱克（Black）将这种现象用于分析美国爱达荷加利纳矿区的岩爆问题，认为矿山结构（矿体）的刚度大于矿山负荷（围岩）的刚度是产生岩爆的条件[56]，这也被称为刚度理论。20世纪80年代，我国学者耿乃光等[57]也发现了岩石破裂失稳的刚度效应。潘一山等[58]基于刚度特性方面采用橡胶、松香组合成的脆性体开展了岩爆相似模拟研究。刚度理论简单直观，但这种理论并未能得到充分证实，即在围岩刚度大于煤体刚度的条件下也会发生岩爆。

20世纪60年代库克（Cook）等[59]在总结南非金矿岩爆研究成果的基础上提出了能量理论，认为矿体与围岩系统的力学平衡状态被破坏后所释放的能量超过矿体围岩介质所耗散的能量，将引发岩爆，但能量理论把矿岩体视为纯弹性

体，不符合岩爆是脆性破坏的实际情况。

比尼亚夫斯基(Bieniawski)等[60]通过分析室内煤的应力应变试验结果，认为煤岩介质具有产生冲击破坏的能力，利用一些试验或实测指标对发生冲击地压可能程度进行估计或预测，相应提出冲击倾向理论。根据该理论，发生岩爆的条件是煤岩介质实际的冲击倾向度大于规定的指标极限值，常用的两个冲击倾向性指标为弹性能指数W_{et}和冲击能量指数K_E。弹性能指数W_{et}由单轴加卸载试验获得，冲击能量指数K_E由单轴压缩全应力应变曲线获得，这两个指标因比较容易由实验确定，现今仍广泛用于岩爆预测。大量的现场调查表明，测定为强冲击倾向性的煤层并不发生冲击地压，而测定为弱冲击倾向性或无冲击性的煤层却发生冲击地压[61]。可见，冲击倾向性理论是有相当大的局限性。

近30年来，利用损伤力学、断裂力学、突变理论、分形理论等数学力学方法，为岩爆发生机制的研究开辟了新途径。约翰逊等[62]、布依(Bui)等[63]、李广平[64]、刘小明等[65]分别采用损伤力学和断裂力学方法定性解释了一些岩爆现象。戴斯金(Dyskin)等[66]、缪协兴等[67]等根据断裂力学原理，得出岩(煤)壁中滑移裂纹扩展的冲击地压模型。周晓军等[68]根据黏弹性本构模型和微元统计损伤本构模型对煤岩体变形失稳的条件进行了研究。潘一山等[69]、潘岳等[70]采用突变理论模型定性解释了硐室岩爆发生机理。实际上，上述这些理论都是不同程度地和经典的强度理论、刚度理论和能量理论相关联的。变形失稳理论可以对岩爆发生的条件进行数值模拟，是对强度理论、刚度理论和能量理论的更深入总结和发展，但该理论在岩爆发生的必要条件上还不够具体。突变理论本质上也是对能量理论、强度理论和刚度理论的进一步发展，但对岩爆发生的充要条件还解释不够。分形几何学只是一种可预测性和相关性的研究，尚未上升到对岩爆发生机理上的认识[71]。这些理论以剩余能量理论占主导地位，以岩石准静力学理论为基础，未考虑岩爆发生的动力学因素。

从岩爆发生的特点及表现形式上看，它的学科属性应当归于岩石动力学的范畴[52]。祖贝莱维奇(Zubelewicz)等[30]最早把岩爆视为动态过程进行系统研究，认为岩爆是在岩体的静力稳定条件被打破时发生的动力失稳过程。李普曼(Lippmann)[72-73]把煤层顶底板简化为刚性体或弹性体，当受夹持煤层的载荷达到临界值时，如果受到外界扰动就可能引起冲击地压。利特维尼斯金(Litwiniszyn)[74-75]将岩爆看作由硐室上方岩层重力断裂的冲击波所引发。陶振宇[23]、王贤能等[31]基于水电站地下工程建设实录，认为外界动力扰动触发岩爆并影响岩爆规模。姜耀东等[76]以一维分析为例，利用解析方法从理论上解释了爆破采煤震动因素诱发巷道岩爆动力失稳破坏的原因。围绕深部工程岩体的“三高一扰动”的力学特性，高应力静载和动载荷共同作用下诱发岩爆灾害的研究也较多。

（二）基于实验的岩爆机制研究进展

力学实验是岩爆发生机制研究的基础之一。按岩爆实验试样的材料不同可分为现场岩块岩爆实验和相似材料岩爆实验；按岩爆实验加载方式的不同，可分为静态加卸载岩爆实验与动态加卸载岩爆实验；按岩爆实验研究的尺度不同，可分为宏观岩爆实验与细观岩爆实验，细观岩爆实验主要是采用电镜扫描的方法；按岩爆实验手段的不同，可分为物理岩爆实验与数值岩爆实验。

伯格尔(Burger)等[77]采用环氧树脂加3%～5%的硬化剂，研制出模拟岩爆的相似材料用于定性演示矿柱岩爆。杨淑清等[78]采用水泥、砂和松香等相似材料在室内模拟水电硐室岩爆。潘一山等[58]提出模拟岩爆的新的相似系数 E/λ，相似模拟试验证明存在岩爆发生的临界荷载。徐文胜等[79]根据岩爆模拟试验的要求，采用标准砂、石膏、水泥、减水剂、缓凝剂等相似材料进行了35种配合比试验，筛选出4种适合作为岩爆模型的相似材料。许迎年等[80]选取了以砂、石膏、水泥为主的相似材料开展了含圆孔硐室岩体的岩爆模拟试验，试验较好地再现了巷道岩爆的发生过程，并对岩爆模拟试验中的试件厚度、加载条件、开孔方式等诸因素进行了分析。

高地应力条件下地下硐室开挖过程中发生的岩爆是与开挖卸荷有关的。早期的卸荷岩爆实验为单轴卸荷，之后完善为常规三轴卸荷，现在单轴卸荷方法仍广泛应用于岩爆的研究中。王贤能、黄润秋[81]较早开始了对卸荷破坏特征与岩爆效应的研究，选取西康铁路秦岭深埋隧道的花岗岩做了卸荷试验，表明岩石卸荷速度越快，其强度越低。徐林生[82]采用位移控制法对取自通渝深埋特长公路隧道岩爆区的粉砂岩和灰岩进行了卸荷三轴试验，得到相同的结论。长相浩(S. H. Cho)等[83]及帕克(Park) 等[84]提出采用单轴循环加、卸载实验预测岩爆发生的相关性。张黎明[85]提出地下工程的开挖卸荷在硐室围岩中引起强烈的应力分异现象，具有岩爆倾向的岩体往往就是在这个应力转换过程中形成和发生岩爆的。何满潮等[86]自行设计的深部岩爆过程实验系统，可实现对处于真三轴受压状态的试样快速卸载一个方向的水平应力（侧向应力），较好地模拟了实际巷道开挖卸荷破坏。

以上试验手段以宏观实验为主，细观试验方法也被应用于岩爆机理研究。徐林生等[87]采用扫描电子显微镜（SEM）对二郎山公路隧道岩爆区的岩石断口特征进行观察研究，轻微岩爆岩石为沿晶断裂、穿晶断裂的拉张破坏断口，中等岩爆岩石为平行台阶状花样的张剪破坏断口，强烈岩爆岩石为平行条纹状-台阶状的剪切破坏断口。张梅英等[88]对白岗岩、花岗岩和大理岩压缩破坏进行扫描电子显微镜试验，认为岩性作为内因控制着岩爆发生，岩爆发生是压剪应力所诱发的。李廷芥等[89]对白岗岩及大理岩单轴压缩电子显微镜扫描试验结果进行分形研究,分析了岩爆过程中的能量耗散,讨论了裂纹分形维数值变化与岩爆现象的联系。冯涛等[90]应用扫描电子显微镜对岩爆岩石断口微观形态进行观察研究以探讨岩爆形成机理,认为岩爆断裂的微观机制主要是在拉伸、剪切作用下,岩石发生低应力脆性断裂。刘文岗等[91]利用扫描电子显微镜分析了具有冲击倾向煤体试样的三点弯曲试验,通过对 SEM 数字图像和载荷位移关系分析,初步解释突出煤体裂纹损伤演化的细观机理。

二、岩爆预测的研究现状

岩爆归根到底是岩石破坏的一种形式,只是以猛烈形式表现出来而已。如果能及时准确地预测岩爆,就能提前对岩爆灾害进行有效防治,但岩爆的预测预报问题极为复杂,目前国内外还没有完善的理论与方法。按实际工程项目进度,岩爆预测预报可分为设计和施工两个阶段,设计阶段的岩爆预测可指导施工安全,但其预报准确性有待施工阶段进行验证和修正[9]。按岩爆预测预报的时间和范围,可分为长期区域性预测和短期小范围预报,杰哈(Jha)等[92]、什里达尔(Shridhar)等[93]、门德肯(Mendecki)等[94]在这方面以岩爆微震事件观测统计为基础做了大量研究。按岩爆预测的方式,可分为现场实测法和理论分析法。前者需专用监测设备,如声发射仪或微震监测系统,受测量设备精度和成本的影响,现场实测法发展相对缓慢。近几年,岩爆预测理论研究方面有了新的发展,首先,数值分析已作为经济可行的方法引入到岩爆预测,贝维克(Bewick)等[95]认为应将地质、微震和数值模拟结果综合应用,常用的数值计算工具有ANSYS、连续介质力学分析软件(FLAC)和岩石破裂过程分析系统(RFPA)等软件;另外,能综合多种因素考虑的数理统计方法在岩爆预测中得到了很好的应用,如宫凤强等[96]的距离判别方法,邱道宏的支持向理机方法[97],祝云华的ν-SVR方法[98]等。基于不同岩爆发生机制建立了多种岩爆判据,常用的岩爆预测判据如下:

(一)与岩性条件有关的岩爆判据

1. 能量储耗指数

冯涛等[99]和唐礼忠等[100]认为,岩爆倾向性指标应综合考虑岩石的弹性变形能储存能力以及能量的积累和耗散关系,并应使实际测试工作简单可靠。该岩爆倾向性指标用 k 表示,其表达式如下:

$$k = \frac{\sigma_c}{\sigma_t} \cdot \frac{\varepsilon_f}{\varepsilon_b} \tag{1-2}$$

式中,σ_c 为岩石的单轴抗压强度;σ_t 为岩石的单轴抗拉强度;ε_f 为峰值前总应变量；ε_b 为峰值后的总应变量。

2. 弹性变形能指数

彭(Peng)[101]提出采用弹性变形能指数 W_{et} 来描述岩爆倾向性，该指数是由岩石的单轴加卸载应力-应变曲线确定的，通常单轴压缩加载至岩石峰值强度的70%～80%后，缓慢卸载至零，所获得的卸载曲线下阴影面积 Φ_{sp} 与加载-卸载曲线之间所围面积 Φ_{st} 之比值即为弹性变形能指数 W_{et}，见图 1-2。

3. 线弹性能准则

刚性试验机上可获得岩石单轴压缩作用下真实过程的全程应力-应变曲线，国内外研究者从能量角度将峰前、峰后应力-应变曲线下的面积之比定义为冲击性能指数 K_E，即岩石峰值强度前岩石储存的能量与峰值后稳定破坏所需的能量之比来判别岩爆倾向性。

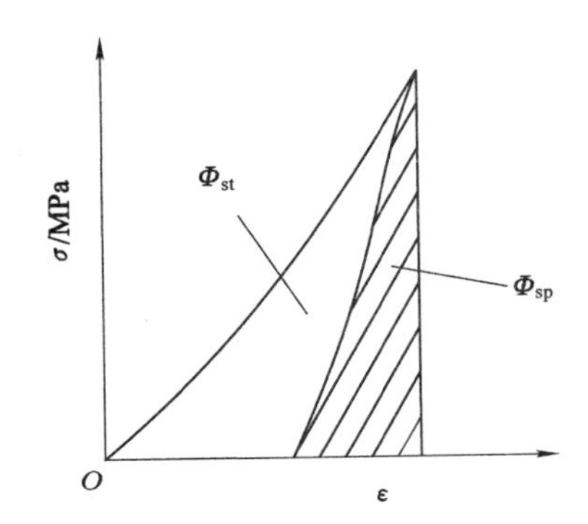

图 1-2　弹性应变能指数计算示意图[101]

对于坚硬岩石，单轴压缩试验中难以测量其峰后变形。蔡美峰等[102-103]建议，可以用应变能密度(SED)来评价硬岩的岩爆倾向性。

$$SED = \frac{\sigma_c^2}{2E_s} \tag{1-3}$$

式中，σ_c 为岩石单轴抗压强度；E_s 为卸载切线弹性模量。

与岩性因素有关的岩爆判别指数值和岩爆等级的关系见表 1-2。

表 1-2　与岩性因素有关的岩爆等级判别指数值

判别指标	岩爆等级			
	无岩爆	弱岩爆	中等岩爆	强烈岩爆
k	＜20	20～75	75～130	＞130
W_{et}	＜2.0	2.0～3.5	3.5～5.0	＞5.0
K_E	＜1.5	1.5～5.0		＞5.0
SED	＜40	40～80	80～200	＞200

(二) 与地应力有关的岩爆判据[9]

1. 霍克(Hoek)方法(又称为地应力指数法)

地应力指数是指隧洞断面最大地应力与岩石单轴抗压强度之比。

$$\sigma_{max}/R_c = \begin{cases} 0.34 & (少量片帮，I 级) \\ 0.42 & (严重片帮，II 级) \\ 0.56 & (需要型支护，III 级) \\ >0.70 & (严重岩爆，IV 级) \end{cases} \tag{1-4}$$

式中，σ_{max}为隧洞断面最大地应力；R_c为岩石单轴抗压强度。

2. 卢森(Russense)判据(又称为切向应力准则)

Russense岩爆判别法是根据硐室的最大切向应力与岩石点荷载强度的关系，建立了岩爆烈度关系图。把点荷载换算成岩石的单轴抗压强度，并根据岩爆烈度关系图判别是否发生岩爆。其判别关系如下：

$$\left.\begin{array}{ll} \sigma_\theta/R_c < 0.20 & (无岩爆) \\ 0.20 \leqslant \sigma_\theta/R_c < 0.30 & (弱岩爆) \\ 0.30 \leqslant \sigma_\theta/R_c < 0.55 & (中岩爆) \\ \sigma_\theta/R_c \geqslant 0.55 & (强岩爆) \end{array}\right\} \tag{1-5}$$

3. 二郎山公路隧道判据方法

徐林生和王兰生根据二郎山公路隧道施工中记录的200多次岩爆实录资料，对Russense判据进行了改进。

$$\left.\begin{array}{ll} \sigma_\theta/R_c < 0.3 & (无岩爆) \\ \sigma_\theta/R_c = 0.3 \sim 0.5 & (轻微岩爆) \\ \sigma_\theta/R_c = 0.5 \sim 0.7 & (中等岩爆) \\ \sigma_\theta/R_c > 0.7 & (强烈岩爆) \end{array}\right\} \tag{1-6}$$

4. 图尔恰尼诺夫(Turchaninov)方法(简称T方法)

Turchaninov根据科拉岛希宾地区的矿井建设经验，提出了岩爆活动性由硐室切向应力$\sigma_{\theta max}$和轴向应力σ_L之和与岩石单轴抗压强度R_c之比确定：

$$\left.\begin{array}{ll} (\sigma_{\theta max} + \sigma_L)/R_c \leqslant 0.3 & (无岩爆) \\ 0.3 < (\sigma_{\theta max} + \sigma_L)/R_c \leqslant 0.5 & (可能有岩爆) \\ 0.5 < (\sigma_{\theta max} + \sigma_L)/R_c \leqslant 0.8 & (肯定有岩爆) \\ (\sigma_{\theta max} + \sigma_L)/R_c > 0.8 & (有严重岩爆) \end{array}\right\} \tag{1-7}$$

(三)与围岩条件有关的岩爆判据

1. 岩体质量指标RQD值

一般情况下，裂隙发育的岩体完整性较差，不易引起高应力集中和能量积聚。因此，岩体裂隙的发育程度，从一个侧面反映了岩体产生岩爆的倾向。岩体质量系数RQD是描述岩体完整性好坏的一个简单而实用的指标，根据岩体的RQD值可以近似分析和掌握岩体的岩爆倾向[102]。

2. 岩体完整性系数 K_v

岩爆实录表明，岩爆通常在坚硬完整的岩体中发生，完整岩体可储存大量弹性应变能，是岩爆发生的有利条件，根据我国《工程岩体分级标准》(GB50218—2014)，岩体完整性系数 $K_v>0.55$ 时，岩体为较完整岩体。岩体完整性系数 K_v 反映了岩体结构类型、结构面发育程度与性状等，可作为判别岩爆发生的重要指标，即：

$$K_v = [c_{pm}/c_{pr}] \tag{1-8}$$

式中，K_v 为岩体完整性系数；c_{pm} 为岩体弹性纵波速，m/s；c_{pr} 为岩石弹性纵波速，m/s。

与围岩条件有关的岩爆判别指数值和岩爆等级的关系见表 1-3。

表 1-3　与围岩条件有关的岩爆等级判别指数值

判别指标	岩爆等级			
	无岩爆	弱岩爆	中等岩爆	强烈岩爆
RQD	≤25	(25～50]	(50～70]	>70
K_v	≤0.55	(0.55～0.65]	(0.65～0.75]	>0.75

三、岩爆控制的研究现状

如前所述，岩爆研究的最终目的是为了控制岩爆发生，以防止或降低岩爆对施工作业人员和设备等造成的危害。普遍接受的岩爆防治技术措施主要有两大方面：一是区域性防治措施，二是局部解危措施[104]。其基本原理是尽可能避免地下工作区域范围的应力集中和叠加，改善围岩受力条件和赋存环境，降低围岩应力，从而达到控制岩爆的目的。冯涛[52]认为，由于岩爆的复杂性，对岩爆的控制必须形成一套包括机理研究、预测预报和防范治理三部分内容的综合防治体系，并在技术措施上补充了安全防护措施，使岩爆灾害减低到最小程度。相应地，该研究比较全面地概括了岩爆防治所应遵循原则：应力转移原则、改善围岩原则、柔性支护原则、耗能结构原则和避免扰动原则。

张镜剑等[9]将岩爆的防治技术分成地下工程的设计阶段和施工阶段。虽然隧道岩爆与矿山岩爆在发生机理上是相似的，但二者在硐室布置、硐室形状及施工工艺上存在很大的区别，故岩爆的防治需要有针对性。这里只是阐述岩爆防治技术上原则性的措施。

(一) 设计阶段岩爆防治[9]

首先，在采掘工作面选择时，应该尽量避开易发生岩爆的高地应力集中地区。其次，当难以避开高地应力集中地区时，要尽量使硐室轴线与最大主应力方向平行布置，以减小应力集中系数，防止发生岩爆或能够降低岩爆级别。再次，硐室断面尽可能采用圆形，不具备条件时可采用上圆下方形，使硐室断面有利于减少应力集中。

（二）施工阶段岩爆防治[9]

目前，我国隧道、地下硐室在施工过程中的岩爆防治措施主要有以下几方面：

1. 改善围岩物理力学性能

在地下工程爆破作业后，及时对巷道掌子面及周边进行喷洒水是最简单的一种方法，润湿岩体可起到降低岩石单轴抗压强度作用，并降低掌子面周边围岩的温度，以达到降低岩爆发生的概率和等级的目的。喷洒水作业应在掌子面爆破后及时实施，喷水最好选用喷射距离大于 10 m 的高压水以保护作业人员安全。另外，围岩预注水，能软化岩体，增加岩体塑性变形能力，使岩体内积聚的应变能在注水软化过程中多次小规模释放，防止应变能集中释放。但是围岩钻孔注水的有效性在坚硬岩体中的高地应区是值得商榷的。

2. 改善围岩应力条件

根据挪威赫古拉（Heggura）公路隧道、我国川藏公路二郎山隧道、四川岷江太平驿水电站引水隧道等工程实践经验，遇有岩爆的洞段钻爆法施工时，尽量采用短进尺掘进，减小药量，控制光面爆破效果，以减小硐室围岩应力集中现象。轻微、中等岩爆段尽可能采用全断面一次开挖的施工方法，以减少施工对围岩的扰动。强烈岩爆地段可采用分部开挖的方法，以降低岩爆的破坏程度，但在施工中应尽量减少爆破震动诱发岩爆的可能；同时，可采取超前钻孔、松动爆破或震动爆破等方法，使岩体能量在开挖前释放。但是，分部开挖的方式将增加开挖的次数，多一次开挖就多一次遇到岩爆的机会，甚至会发生剪切破坏岩爆，故这是值得商榷的。

3. 加固围岩（被动防治）

前述两种防治措施，根本的出发点是改善围岩受力条件和赋存环境以降低围岩发生岩爆的概率和等级，但不能从根本上克服在措施条件下岩爆对施工生产的危害，要全面、有效地防治岩爆，就要在硐室开挖后及时采取有效的支护措施进行被动防治。一般来说，国内外普遍接受的巷道岩爆支护措施包括：及时喷射混凝土封闭围岩表面、及早布设预应力锚杆和安装格栅钢架等。不同烈度的岩爆一般采取不同的支护加固措施，具体参数和材料视围岩岩层、岩性情况而定，如对轻微岩爆段，采用喷锚支护加局部挂网的加固方法。但是对于强烈岩爆段，必须采取加深加密系统锚杆并加整体网及格栅钢架的加固措施。

第三节　研究内容和研究方法

上述内容回顾了国内外岩爆发生机理、预测预报、防治技术研究阶段的现状，表明从静、动力学角度来研究深部巷道岩爆的控制机制十分重要。本书以贵州开磷集团马路坪矿深部巷道的岩爆实际情况为背景，引入时变理论，从深部巷道岩爆发生机制入手，结合现场岩石的冲击实验和数值模拟，从时变动力学与岩石冲击动力学这两个全新的角度开展了深部巷道岩爆发生机制、预测预报及其控制措施的研究。主要研究内容如下：

(1) 深部巷道岩爆发生与时间和空间因素有关，巷道岩爆问题具有时变结构力学的结构内部参数随时间变异的特点。因此，将研究对象集中在开挖硐室周边的围岩，提出"围岩自稳时变结构"的概念，认为深部巷道岩爆是满足某种条件下围岩自稳时变结构调整的过程，探讨双向等压圆形巷道的弹塑性时变解析解，力求建立基于时变理论的岩爆判据，并建立相应的防治岩爆的时变原则，为深部巷道岩爆预测及岩爆控制的研究提供新的思路。

(2) 岩爆发生涉及岩石动力学与岩石静力学两个方面的范畴，水防治岩爆应存在动力学方面的原因。通过自行改进的分离式霍普金森杆(SHPB)实验装置，实现对饱水砂岩试样的中等应变率冲击加载试验，比较自然风干状态和饱水状态在该应变率段的动态破坏特征；同时，结合中应变率段饱水岩石动态破坏特征，从细观断裂力学角度分析饱水岩石的动态破坏差异，探讨水防治岩爆的动力学机制。

(3) 开磷集团马路坪矿进入深部开采，岩爆灾害现象日益突出，分析该矿岩爆巷道的破坏规律。在对该矿进行套孔应力解除法三维地应力测量获取该矿区地应力分布规律的基础上，采取数值模拟方法，针对马路坪矿巷道岩爆预测中多层岩性、空间巷道、倾斜层理等特殊因素的影响提出了相应的解决对策。

(4) 现有岩爆支护研究多是以"静"制"动"的观点，但岩爆围岩具有时变性的特点。因此，岩爆支护系统还应考虑时变因素的支护理念，以实现"动""静"组合的岩爆支护效果，探讨岩爆动静组合支护技术的实现途径。

第二章　深部巷道岩爆孕育发生的静、动力学特征

第一节　引　　言

岩爆的孕育及发生受地应力、地质条件、开挖方式等多种因素的影响，其特征也呈现出多样性。岩爆的孕育发生条件可以分为内因和外因，无论岩爆发生的内因还是外因，都需要以现场的岩爆情况为依据，因此对岩爆现场进行研究，即岩爆实录研究是很必要的，这是认清岩爆的发生机理的前提。根据挪威、美国、南非、日本、苏联、瑞典、中国等国家发生在隧道或矿山中近30例岩爆实例，张志强等[45]对岩爆发生的条件进行了归纳，具体如下：

(1) 从开挖的坑壁，岩块迅速飞出。严重时，整个掌子面瞬间压坏。

(2) 在世界各地的深矿山中经常发生。

(3) 在非常深的矿山中，也有衬砌瞬间发生破坏的情况。此时，多是由于附近的矿山开挖所致。

(4) 在埋深700 m以上的发生居多，埋深200 m左右的也有发生的实例。

(5) 视岩质情况发生的方式不同。例如，日本清水岭下的4座隧道，关越隧道在页岩中就没有发生，而在石英闪长岩中则发生多次。

(6) 有涌水时不发生。

(7) 与地层的方向、节理、夹层等强烈相关。例如，在顺层情况下发生较多。

(8) 岩爆落块的大小各式各样，但多是扁平的。

(9) 掌子面发生的岩爆居多，掌子面打锚杆后，可防止岩爆。

(10) 在同等地质条件下，采用岩石隧道掘进机(TBM)施工的隧道发生少，而采用矿山爆破法施工的发生多。

总体而言，岩爆实录包括围岩类型及物理力学行为、地应力场、地下空间特征、开挖过程(开挖顺序以及循环进尺和爆破参数等)、岩爆坑及岩爆碎片的形态、几何尺寸、岩爆事件的时-空分布、岩爆部位对应的地貌形态及岩爆分级等，涉及巷道岩爆孕育演化的静、动力学特征。

第二节　行业背景下的岩爆发生特征

一、长大深埋隧道

长大深埋隧道的出现与复杂的地形、地貌和地质背景有关，其在缩短交通空间距离、克服高山峡谷的地形障碍等方面具有不可替代的作用，世界各国已经在交通运输、水利水电等领域建成上百条埋深超千米、长度超过 10 km 的隧道，长度大、断面大、埋深大也是 21 世纪我国隧道工程发展的总趋势[105]。据统计，近几十年，国内外有大量深埋隧道不同程度地发生了岩爆现象，其中包括日本的关越隧道、挪威的赫古拉公路隧道、瑞士的隧道（埋深 2450 m）、乌兹别克斯坦的安琶铁路 Qamchiq 隧道、秘鲁的安第斯山奥尔莫斯隧道（埋深 2 000 m）和我国的川藏公路二郎山公路隧道、天生桥水电站引水隧洞、锦屏二级水电站引水隧洞、通渝隧道等[17,21,106]，长大深埋隧道的岩爆灾害问题日益引起国内外学者的关注。

秦岭终南山特长隧道是我国最长的平行双车道公路隧道，隧道最大埋深 1 600 m，全长 18 020 m，由中铁十八局集团承建施工的东线 K75＋180～K79＋816 段 4 636 m 的隧道中有 2 664 m 产生不同程度的岩爆。其岩爆发生的特征主要有[107]：

（1）岩爆发生与断裂构造的节理密集交替出现，断层带中岩体破碎地带、节理裂隙闭合较差的地带无岩爆发生，但破碎带两端岩爆比较强烈；剪力节理发育、但发育组数较少且节理裂隙闭合较好的地段仍有岩爆发生。

（2）岩爆主要发生在坚硬、强度较高、干燥、无水的混合片麻岩以及条带状混合片麻岩、眼球状混合片麻岩、长英质闪长片麻岩层中。

（3）轻微岩爆段发生在距掌子面 0～20 m 范围内，爆破后发生；中等以上的岩爆一般发生在距掌子面 0～80 m 范围内，岩爆较为频繁剧烈；强烈岩爆地段一般在距掌子面 200～400 m 范围内，喷上混凝土后也有岩爆发生。

（4）中等以上岩爆区的岩爆在爆破后 1 h 和 6～7 h 比较频繁。

（5）一般岩爆段岩爆过后，硐室形状多变为锅底形[图 2-1(a)]；强烈岩爆段岩爆过后，硐室断面形状多为“∧”形[图 2-1(b)]，同时形成的岩爆坑边沿多为阶梯面；破裂面以新鲜破裂为主，与隧道洞壁切向应力大致平行。

（6）岩爆声响既发生在掌子面，也发生在正在发生岩爆的岩体处。当岩体发出清脆“噼啪”声时，岩爆规模不大；当岩体发出声响如沉闷的炮声或闷雷声时，其规模较大。岩爆声一般在刚开挖后 15 min 至 8 h 可以听到，掌子面的声响可以持续 9～72 h，掌子面后面的岩爆声响有些可以持续几天，甚至几十天。

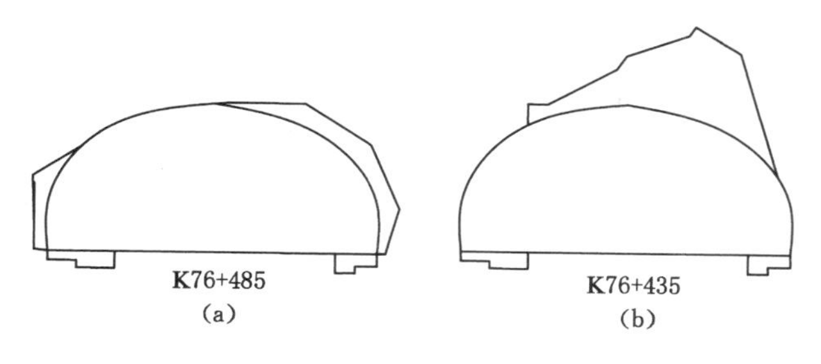

图 2-1　岩爆断面形状[107]

四川省境内雅砻江干流的某电站，为解决电站施工过程中的交通问题，需修筑一条长达 17 km 的交通辅助隧洞。该隧洞最大埋深达 2 375 m，穿越的地层以三叠系的大理岩、灰岩等硬质岩层为主。其岩爆发生的破坏特征主要有[108]：

(1) 张裂-剥落破坏。如图 2-2(a) 所示，岩体表层附近产生张裂缝，最后贯通并呈片状剥落，俗称片帮。由于张裂破坏需要的能量少，波及深度较小，形成轻微岩爆，对工程安全影响甚微。

(2) 张裂-倾倒破坏。如图 2-2(b) 所示，围岩向临空面方向发生弯曲扩容，引起岩体内部产生拉裂。主要发生在层状结构的围岩体中，且岩石具有一定的延展性，表现为弯曲折断或块、层状剥落、阶坎状或弧形断裂面，形成轻微岩爆。

(3) 张裂-滑移破坏。如图 2-2 (c) 所示，围岩体产生张裂缝，并追踪岩体本身固有的微结构面，最终出现剪切滑移，以块状剥落或楔状爆裂的方式出现破坏，甚至有少量弹射。这种类型的岩爆断裂面以阶坎状为主，多出现在微裂纹发育的脆性层状或块状岩体中。岩爆规模不大，但释放的能量较高，可形成轻微岩爆或中等岩爆。

(4) 张裂-剪断破坏。如图 2-2(d) 所示，洞壁围岩内部出现与临空面大致平行的张裂缝，并不断延伸，裂缝切割出来的片状围岩受到端部约束，最后在强大的切向压应力作用下，以块状剥落、弹射的方式发生剪断破坏。一般裂面较为平整，多呈阶坎状。围岩以整体或块状结构为主，岩质脆硬，主要为中等岩爆。

(5) 弯曲-鼓折破坏。如图 2-2(e) 所示，主要出现在层状岩体中，破裂面一般呈阶坎状。岩爆发生时可以听到清脆的爆裂声，并有一定的持续时间；岩块剥落严重，局部有弹射现象；岩爆烈度可以达到中等岩爆，对工程安全有一定影响。

(6) 穹状爆裂破坏。如图 2-2(f) 所示，由于特有的穹隆状结构，在岩体硬脆且较完整的情况下积聚的能量很高，岩块多以强烈弹射的形式发生岩爆。这种情况主要出现在整体或块状结构岩体中，破裂面影响深度可达 1.0～2.0 m，产生强烈岩爆。

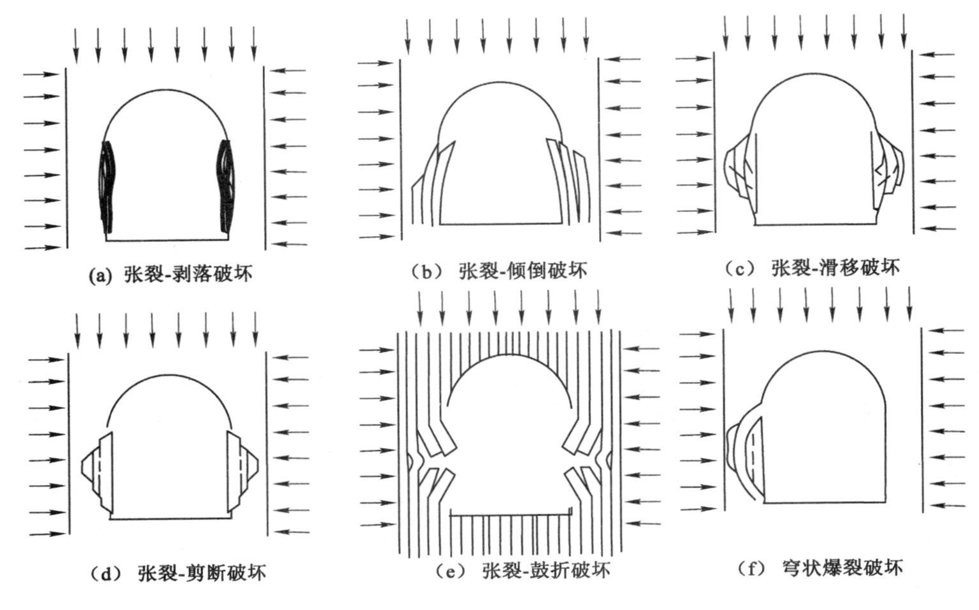

图 2-2 某水电站交通辅助隧洞岩爆破坏特征[108]

九岭山隧道 DK1685＋645、DK1687＋240 测试段边墙部位发生多起岩爆事故，岩爆发生时伴有噼啪声、撕裂声，局部有岩壁零星剥落或有严重的剥离，抛射现象不明显，属典型的静力学岩爆破坏[109]，如图 2-3 所示。

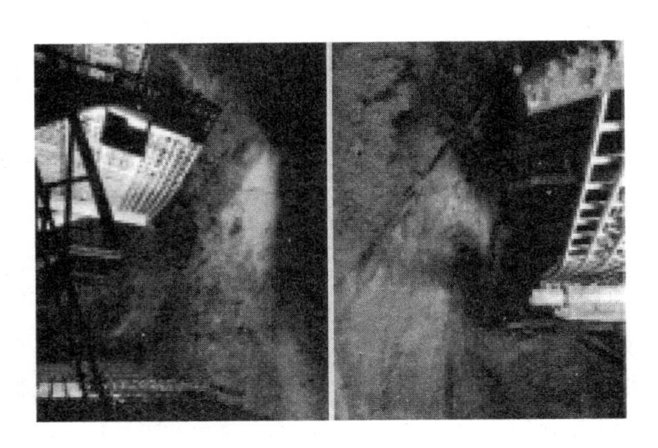

图 2-3 九岭山隧道静力学岩爆破坏[109]

雅鲁藏布江缝合带的桑珠岭隧道，隧道同一测试段的不同位置岩爆发生的情况也不尽相同[110]，边墙及部分拱顶位置结构面较发育，围岩具有明显的层状剥落特征，属于静力学岩爆破坏，如图 2-4(a)所示；同一测试点的掌子面、两侧拱肩和拱顶因结构面不发育，这些部位发生剧烈岩爆，以爆裂弹射、抛掷型破坏为主，造成了隧道内台架被严重摧毁，拱顶岩爆崩出瞬间如图 2-4(b)所示。

(a) 边墙片状剥落

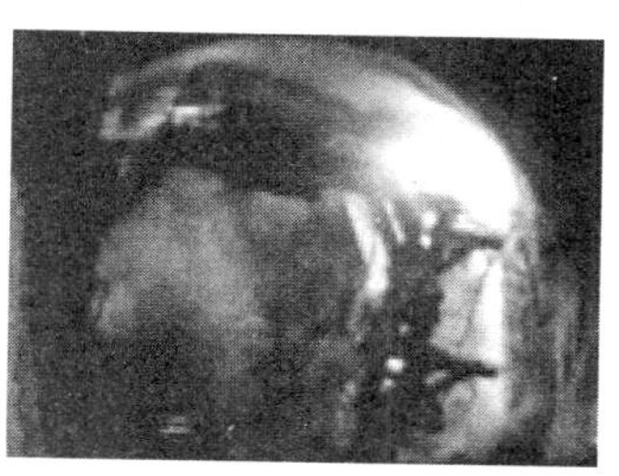

(b) 拱顶岩爆崩出瞬间

图 2-4　桑珠岭隧道破坏情况[110]

两河口水电站是雅砻江中下游的“龙头”水库，$5^{\#}$ 母线洞大断面开挖完成后岩体总体完整，但拱顶岩体开挖卸荷后应力重新分布，临空面诱发裂隙萌生扩展，在拱顶位置出现拉裂剥落现象[111]，属于岩爆静力学破坏，如图 2-5 所示。

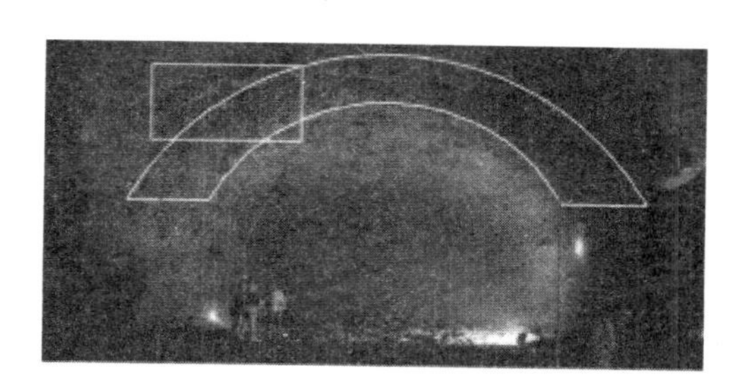

图 2-5　两河口水电站 $5^{\#}$ 母线洞顶拱破坏[111]

锦屏水电站岩爆动力学破坏较频繁[112]，$3^{\#}$ 引水隧洞 K11＋040～043 断面发生在北侧拱肩，在距掌子面 6～9 m 范围内，开挖过程中听到了清脆的爆裂声，有片状岩块弹出，破坏断口呈“V”形，如图 2-6(a)所示；$3^{\#}$ 引水隧洞 K10＋349～312 断面发生在北侧拱肩至边墙位置，破坏时距掌子面不到 6 m，掘进时能听到清脆爆裂声，破坏断口呈“V”形，断口岩石新鲜，最大破坏深度约 1.0 m，如图 2-5 (b)所示。

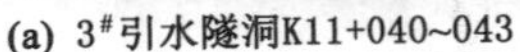
(a) 3#引水隧洞K11+040~043

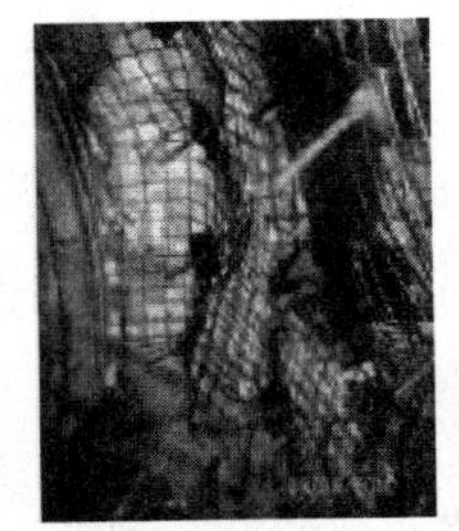
(b) 3#引水隧洞K11+349~312

图 2-6　锦屏水电站隧洞岩爆破坏现场[112]

二、深部矿山

地球浅部资源随着人类世代开采而逐渐枯竭，深部采矿成了资源开发的必由之路[113]，深井开采中的岩爆事故越来越严重。矿山开采引起的岩爆与隧道开挖引起的岩爆有着相同点，但也存在很多差异。郭然等[114]结合南非著名岩爆专家奥特莱普(Ortlepp)[115]的研究，将矿山岩爆分为 5 种类型。

(1) 应变型岩爆。破坏地点在巷道周围的位置相对固定，通常不是沿巷道周围全部破坏，一般破坏厚度不超过 0.5 m，以岩体局部小块岩石弹射为主。

(2) 弯曲破坏型岩爆。一般表现为巷道两侧边墙或巷道迎头岩石呈薄板状突然片落破坏，破坏岩体的深度可达 1 m 左右，该类型岩爆的破坏性比应变型岩爆大。

(3) 矿柱破坏型岩爆。常见于房柱采矿法的矿柱、井筒的保安矿柱、留点柱分层充填法的点柱等，该类型岩爆的破坏性比前两种岩爆都大。

(4) 剪切破坏型岩爆。当应力满足完整岩体破坏条件时，导致沿某一方位的完整岩体(或原始微观缺陷主导方位)发生剪切破裂，可导致震源附近连续几十米巷道的完全塌落。

(5) 断层滑移型岩爆。大范围采矿时，受矿体原生断层或结构弱面的影响，采矿会解除了施加于构造弱面法线方向的夹持力，导致原本活动性很差的断层或结构弱面重新活化，断层滑移传播至采场自由面时导致岩爆产生，该类型岩爆与剪切破坏型岩爆机理相近。

综合大量有关硬岩矿山岩爆研究成果[114]，归纳出以下矿山岩爆的静、动力学特征：① 岩爆岩石一般是火成岩或变质岩，沉积类岩石较少发生岩爆，含有硅质(特别是石英)或其他坚硬矿物的岩石发生岩爆较多；② 含水率高的岩石较少发生岩爆；③ 岩爆发生在高原岩应力条件下的脆性岩石中；④ 巷道临空面围岩突然破坏产生裂隙，岩石向巷道空间膨胀，有时甚至导致巷道闭合堵死；⑤ 在背斜轴部以及断层等弹性模量有突变的地质夹层附近容易发生强岩爆；⑥ 采场内的孤岛和半岛形矿柱及巷道交叉点容易发生矿柱型岩爆；⑦ 相向推进的采掘工作面容易发生弯曲破坏型岩爆；⑧ 矿山岩爆的 2/3 发生在生产爆破后 2～4 h 内；⑨ 强岩爆后短时期内一般还会发生数次强度较小的岩爆，与自然地震的余震类似。

红透山铜矿是我国最深的有色金属矿山之一，开采深度超过 1 300 m，崩塌、岩爆等地面灾害事件频发。例如，1999 年 5 月 18 日，采场附近 −647 m 水平的斜坡发生了强烈的岩爆，导致 10 m 长的岩体受损，约 60 m^3 的岩石被抛向另一侧；2005 年 1 月 8 日，一次岩爆导致数十块岩石从采场的墙和顶板上抛掷。图 2-7 为是两次典型的岩爆动力灾害事故现场图[116]。

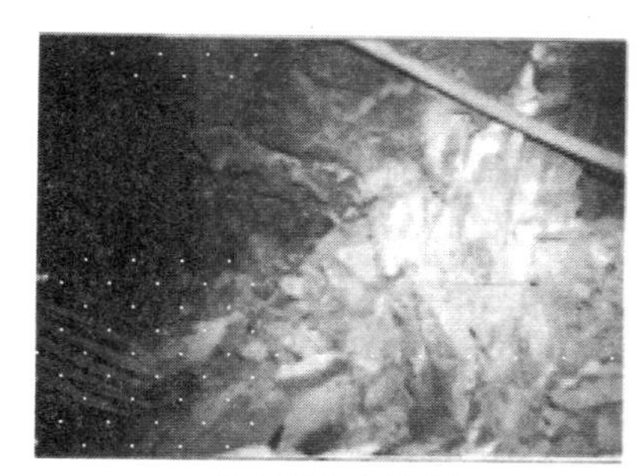

(a) 采场斜坡岩爆破坏

(b) 采场顶板岩爆破坏

图 2-7　红透山铜矿开采扰动引起的岩爆[116]

从以上岩爆实录情况可以看出，岩爆的发生涉及岩体自身结构、地质构造、埋深等地质环境因素，还涉及岩体工程布置和形状、开挖工艺、支护方式等开采技术因素。这些岩爆实录一方面表明岩爆发生的复杂性，另一方面又为岩爆机理与岩爆预测与防治提供了研究方向和思路。例如，无论是隧道还是矿山，岩爆通常是发生在干燥岩体，因此对采掘面喷洒水或注水成为防治岩爆的重要手段。

第三节　巷道岩爆的分类

岩爆孕育发生的静、动力学特征是巷道岩爆分类的基础，对岩爆进行分类的目的在于根据不同类型的岩爆特点实施相应的防治措施，从而选择有针对性的支护方式。目前，对巷道岩爆的分类尚无统一的标准，分类方法的种类繁多，分别从岩爆释放出的能量大小、岩爆造成的工程破坏形式、岩爆诱因等典型因素来分类。

一、按岩爆的诱因分类

根据岩爆的诱因不同，斯波蒂斯伍德（Spottiswoode）等[117]把岩爆分为自激型岩爆和远距离诱发式岩爆。自激型岩爆是指当开挖硐室的边界岩体的应力超过岩体强度时产生的岩爆，因开挖岩体由三轴受力变为单轴或双轴受力，或开挖导致岩体反复加卸载，或岩石的应变软化和应力松弛等性能均导致岩体强度的降低，从而有可能导致岩体的突然破坏；自激型岩爆还可以由结构失稳所引起，此时决定破坏方式的位置与微震事件的震源位置是相同的。远距离诱发岩爆是指开挖面围岩处于较高的应力状态，在远处微震事件的应力波的扰动下，使围岩体所受的应力瞬间超过岩体的强度或使岩体处于极限平衡状态或亚稳定（meta-stable）状态而产生不稳定破坏。

从震源机制的观点出发，岩爆分为表面（浅层）岩爆和深层岩爆。表面岩爆是指发生在开挖硐室围岩浅层（表面）的岩石失稳破坏，此时震源与岩石的破坏地点重合；深层岩爆则是远离开挖区域，受开挖的扰动在岩体的深部产生的岩体破裂或断层（不连续面）的滑移，深层岩爆最直接的现象就是矿震，二者可互为诱因[118]。

冯涛[52]按此把岩爆分为两类：一是本源型（或自发型）岩爆，岩爆的发生是在硐室形成后，随时间变化而发生的；二是诱导型（或激励型）岩爆，岩爆由相邻硐室开挖的应力叠加或者在爆破冲击波扰动等作用下产生的。谭以安[119]根据国内外岩爆实例，将岩爆类型划分为水平应力型、垂直应力型和混合应力型 3 大类，混合应力型岩爆按应力作用方式及组合关系又分为 3 个亚类。

南非的奥特莱普（Ortlepp）[120]根据南非金矿现场岩爆观察，按岩爆能量的级别大小顺序，把岩爆分为：① 应变岩爆，里氏震级－0.2～0；② 鼓折型岩爆，里氏震级 0～1.0；③ 矿柱或工作面压碎型岩爆，里氏震级 1.0～1.5；④ 剪切破坏型岩爆，里氏震级 2.0～3.5；⑤ 断层滑移型岩爆，里氏震级 2.5～5.0。

另外，按岩爆诱发是否受结构面的影响，可简便地划分为应变型岩爆、应变-结构面滑移型岩爆和断裂滑移型岩爆。

1. 应变型岩爆

应变型岩爆发生在完整、坚硬、无结构面的岩体中，岩爆发生后有浅窝型、长条深窝型，“V”形等形态的爆坑，爆坑岩面新鲜，最终形成浅窝型爆坑。2011 年 4 月 20 日凌晨 2 点 30 分，锦屏水电站 3# 引水隧洞掌子面开挖至桩号 K6＋106 位置时，在掌子面南侧发生强烈岩爆。此次岩爆最大爆坑深度约 1.2 m，爆坑呈长 13 m、高 10 m 的圆形断面，爆坑表面起伏不定表现出明显的张拉破坏特征[121]，如图 2-8 所示。

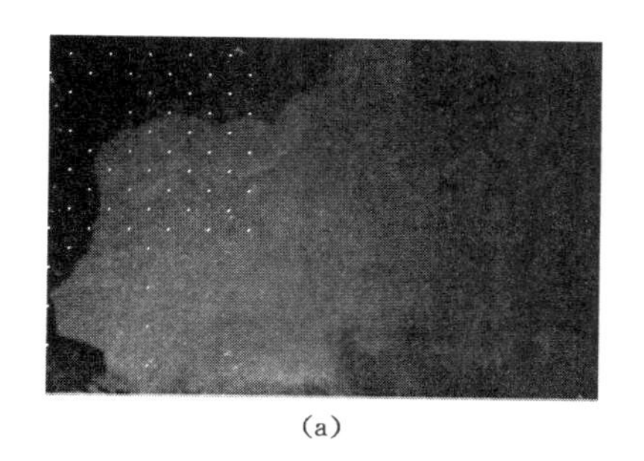

(a)

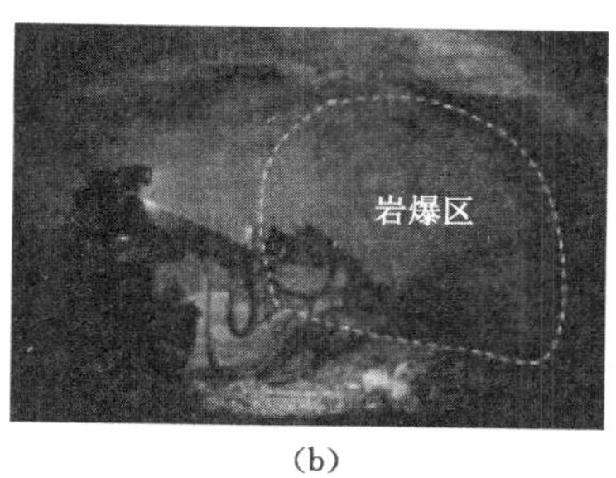

(b)

图 2-8　应变型岩爆破坏[121]

2. 应变-结构面滑移型岩爆

应变-结构面滑移型岩爆发生在坚硬、含有零星结构面或层理的岩体中，岩爆发生后结构面控制爆坑边界，一般破坏性较应变型岩爆大。2010 年 11 月 10 日和 2011 年 1 月 3 日，锦屏水电站 3# 引水隧洞桩号 9＋721～710 位置南侧边墙至拱肩处和 4# 引水隧洞桩号 8＋051～060 位置掌子面靠近北侧边墙分别发生强烈岩爆。如图 2-9 所示，爆坑最大深部达 1.2 m，岩爆爆坑表面可见一条明显的剪切滑移面[121]。

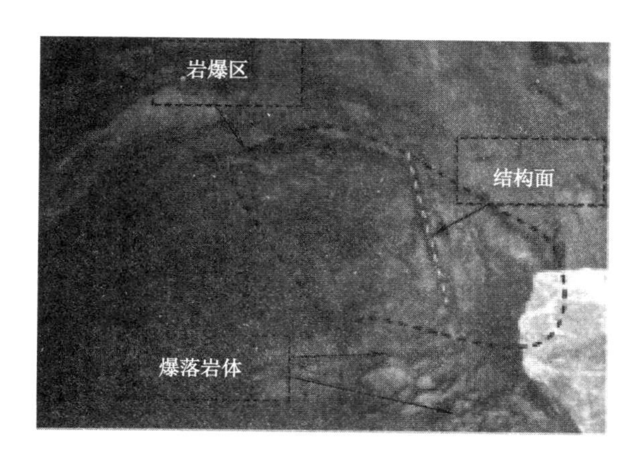

图 2-9　应变-结构面滑移型岩爆破坏[121]

3. 断裂滑移型岩爆

断裂滑移型岩爆发生在有大型断裂构造存在的岩体中，岩爆发生后影响区域更大，破坏力更强，甚至可能诱发连续性强烈岩爆。陈宗基[122]指出，门头沟煤矿 78％的煤爆事故是由于爆破触发引起的，并认为断裂滑移型岩爆比应变型岩爆破坏程度大得多，单一断裂滑移型岩爆通常导致数十米、甚至数百米的巷道被破坏。萨拉蒙(Salamon)[123]认为，结构面的滑移与岩爆发生有密切联系。李杰等[124]基于前人的研究，认为断裂滑移型岩爆的应同时具备 3 个物理条件：① 工程岩体中存在断裂软弱带；② 软弱带上的应力条件处于临界状态；③动力扰动使断裂软弱带的滑移达到极限特征应变。图 2-10 为南非的卡尔托维尔(Carletonville)金矿发生的岩爆破坏现场，属典型断裂滑移型岩爆，受断层影响，采场受到严重破坏[125]。

图 2-10　断裂滑移型岩爆破坏[125]

二、按破坏程度分类

按岩爆破坏程度来对岩爆进行分类是最为常见的一种方法。凯泽(Kaiser)等[126]在研究巷道岩爆时，对巷道岩爆按破坏程度进行了定量的分类，认为巷道围岩因岩爆而破坏(崩出)的厚度小于 0.25 m 时的岩爆为弱岩爆，破坏(崩出)厚度为 0.25～0.75 m 时的岩爆为中等岩爆，破坏(崩出)厚度为 0.75～1.5 m 时的岩爆为强岩爆。武警水电指挥部对天生桥二级水电站岩爆情况提出两种分类标准[127]：一是按破坏规模，岩爆可划分为零星岩爆(长度为 0.5～10 m)、成片岩爆(长度为 10～20 m)和连续岩爆(长度大于 20 m)3 类；二是按破裂程度，岩爆分为破裂松弛型和爆脱型 2 类。总体而言，按破坏程度分类的岩爆，其具体静、动学破坏特征如下：

1. 轻微岩爆

轻微岩爆发生时爆块呈薄片状-板状，厚 1.0～5.0 cm，爆坑深度一般小于 0.5 m，发出清脆的噼啪、撕裂声，似鞭炮声，偶尔会有爆裂声响，持续时间短，对工程施工影响较小[17]。

2. 中等岩爆

中等岩爆发生时围岩岩体严重开裂、剥落，爆块呈薄片状、板状和块状，板状岩石厚 5.0～20.0 cm，块状岩石厚 10.0～30.0 cm，爆坑深度一般在 0.5～1 m 之间，发出清脆的似子弹射击声或雷管爆破的爆裂声，围岩内部偶有闷响，破坏范围比较显著，对工程的施工具有一定的影响[17]。2011 年 2 月 23 日，锦屏二级水电站 K8＋805～K8＋815 洞段发生中等时滞型岩爆，滞后该区域开挖 62 d，爆坑深度约 0.6 m，呈平底锅形，爆坑底部可见明显的结构面铁锰质渲染痕迹，如图 2-11 所示[128]。

图 2-11　中等岩爆破坏[128]

3. 强烈岩爆

强烈岩爆发生时围岩大片爆裂脱落、抛射，伴有岩粉喷射现象，块度差异较大，大块体与小岩片混杂，呈薄片状、板状和块状，块状岩石厚 20.0～40.0 cm，爆坑一般大于 1 m，发出炸药爆炸般的巨响，声音响亮而持久，其破坏程度较深，严重影响工程施工的安全[17]。2009 年 11 月 28 日，锦屏二级水电站排水洞桩号 SK9＋283～SK9＋322 段发生极强岩爆，结构面以下、隧洞以上岩体全部爆出，结构面顶端形成“V”形爆坑，深度约 7 m；2010 年 2 月 4 日，锦屏二级水电站 2# 引水隧洞桩号 K11＋006～K11＋023 段发生极强岩爆，伴随巨大声响，岩爆过后揭露出一条 NWW 走向的隐性结构面，如图 2-12 所示[128]。天生桥引水隧洞 Ⅱ 号主洞施工过程中受岩体结构面的影响，开挖至 3＋200 m 桩号时在 3＋183 m～3＋200 m 洞段左上拱及顶部发生了岩爆，爆坑向上扩深与结构面贯通，最终在硐室的左上方及顶部形成一个高 5～6 m、长 7 m、宽 10 余米的岩爆坑，如图 2-13 所示[129]。

图 2-12 锦屏二级水电站强烈岩爆破坏[128]

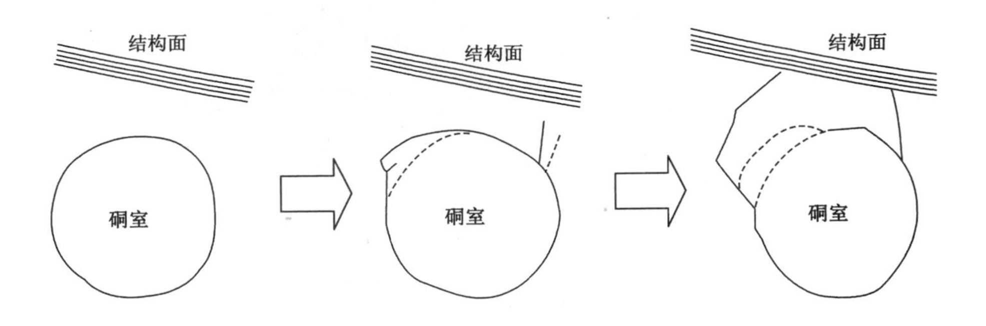

图 2-13 天生桥引水隧洞Ⅱ号主洞强烈岩爆破坏过程[129]

三、按岩爆发生的时间分类

何满潮等[86]利用自行设计的真三轴深部岩爆过程实验系统对花岗岩试样进行试验，将试验分为加载岩爆试验和卸载岩爆试验。根据在实验室内卸载后至发生岩爆的时间将岩爆类型分为瞬时岩爆、标准岩爆及滞后岩爆。瞬时岩爆进程快，在巷道开挖后会立即发生岩爆，很难明显区分各个阶段的。标准岩爆是在卸载后一段时间后发生的岩爆，受岩石的不均匀性与初始损伤的影响，卸载后应力重新调整达到新的平衡需要一定的时间。滞后岩爆是指卸载后发生岩爆时间比标准岩爆更长。发生滞后岩爆有两种情况：一是岩体所承受的载荷达到其长期强度时，随着时间的增加而发生的岩爆；二是地下岩体卸载后应力重新分布达到新的平衡状态过程中发生的岩爆破坏。

即时型岩爆多在开挖后几个小时或1～3 d内发生，岩爆位置主要在隧洞掌子面、距掌子面0～30 m范围内的隧洞拱顶、拱肩、拱脚、侧墙、底板以及隧洞相向掘进的中间岩柱等。深埋隧洞的某一洞段可能发生1～2次岩爆，也可能连续发生多次不同等级或烈度的岩爆[130]。严健等[110]对桑珠岭隧道和巴玉隧道岩爆时间进行了归纳整理发现，桑珠岭隧道岩爆发生在开挖后5 h内的占岩爆总数的88.2%，岩爆高峰在开挖后2～5 h，占总岩爆数量的69.3%，持续时间多在1～3 h；巴玉隧道岩爆发生在开挖后7 h之内占总岩爆数量的94.6 %，高峰期在开挖1～6 h，占总岩爆数量的70%，持续时间多在1～6 h。巴玉隧道瞬时岩爆破坏现场实录如图2-14所示。

(a) 拱顶片状剥落

(b) 拱脚岩爆坑迹

图2-14　巴玉隧道瞬时岩爆破坏现场实录[110]

时滞型岩爆是指深埋隧洞高应力区开挖卸荷后应力调整平衡后，外界扰动作用下而发生的岩爆。该类型岩爆在深埋高应力区开挖时较为普遍，根据岩爆发生的空间位置可分为时空滞后型和时间滞后型。前者主要发生在隧洞掌子面开挖应力调整扰动范围之外，发生时往往空间上滞后于掌子面一定距离，时间上滞后该区域开挖一段时间；后者发生时，空间上在掌子面应力调整范围之内，但时间上滞后该区域开挖一段时间，它是时滞性岩爆的一种特例，主要发生在隧洞掌子面施工十分缓慢或施工后停止一段时间[131]。

锦屏二级水电站2#引水隧洞引(2)K8+800～890区间内发生时滞型岩爆，如图2-15所示。第一次岩爆发生后，钢纤维混凝土喷层与随机水胀式锚杆组成的支护系统被破坏，岩爆爆坑为浅“V”形，破坏面较新鲜，爆出岩体以0.1～0.3 m的薄片为主，岩块最远飞出约8 m；第二次岩爆发生后，钢纤维混凝土喷层支护系统被破坏，爆坑与洞轴线成小夹角结构面铁锰质渲染明显，爆坑为盆地形，爆出岩体较破碎[131]。

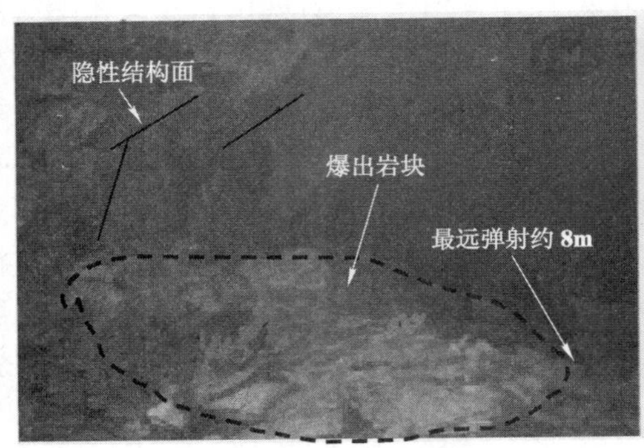

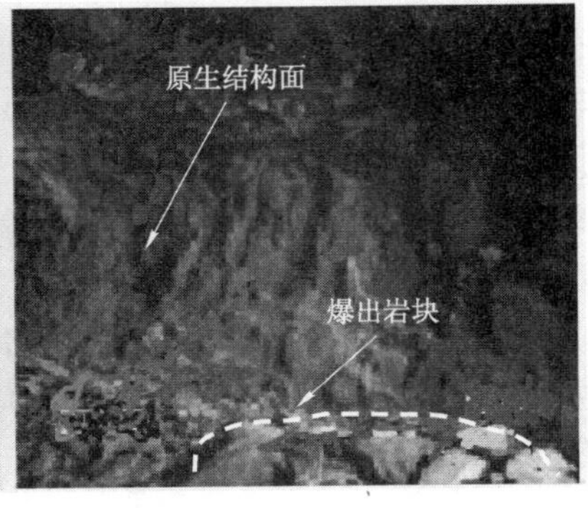

图 2-15　时滞型岩爆破坏形态[131]

本章小结

对岩爆现场进行研究，包括围岩类型及物理力学行为、地应力场、地下空间特征、开挖过程(开挖顺序以及循环进尺和爆破参数等)、岩爆坑及岩爆碎片的形态、几何尺寸、岩爆事件的时-空分布、岩爆部位对应的地貌形态及岩爆分级等，岩爆实录研究是很必要的，这是认清岩爆发生机制的前提。岩爆孕育发生会表现出静力学和动力学特征，不同行业背景的岩爆发生特征又是有差异的。岩爆发生具有突然性和瞬时性，其孕育发生的静、动力学特征没有明显界线。通常认为，岩爆孕育初期围岩表现出的渐进板裂化与片剥破坏可归结为静力学破坏特征为主导的，但板裂化破坏产生为岩爆能量的突然释放创造了条件，进而会产生岩体爆裂松脱剥离、岩块弹射甚至抛掷等动力学破坏特征。岩爆孕育发生的静、动力学特征是岩爆分类的基础，对岩爆进行分类的目的在于根据不同类型的岩爆特点实施相应的防治措施，从而选择有针对性的支护控制形式等。

第三章　深部巷道岩爆发生机制的动力学诱因分析

第一节　引　　言

岩爆研究的核心是建立在工程实录基础上的岩爆发生机制研究，这也是超前预报及控制技术发展的基础。鉴于岩爆发生机制的重要性，国内外学者对此从强度、刚度、能量、变形失稳、损伤、突变等不同角度进行了大量研究，得到了许多有益的结论。从致因看，岩爆发生涉及两大类因素：一是岩爆源为处于一定高应力状态的岩体本身；二是岩爆源为爆破振动、机械开挖等外部扰动[39]。前者岩爆致因以岩石准静力学理论为基础，岩体被视为准静态破坏岩体，所关注的主要是开挖后围岩压力二次调整的高应力状态，相关研究较多，其中以剩余能量理论占主导地位[132]。岩爆实录资料表明，岩石静力学理论在岩爆发生机理研究中的作用是重要的，但局限性也是明显的。基于静力学的岩爆机理理论核心之一——开挖引起硐室周边应力二次分布已经达到或接近围岩发生破坏的极限状态，即岩爆发生的条件是切向应力 σ_θ 应达到或接近岩石的单轴抗压强度 σ_c 的水平，但大多数岩爆都是在 σ_θ/σ_c 小于 0.5，甚至远小于 0.5 的情况下发生的[133]。对于后者岩爆致因的研究，通常会引入岩石动力学理论，但岩爆实录资料同样表明，仅从外部扰动的角度来研究岩爆发生机制的动力学问题往往存在局限性。通常认为，钻爆法施工爆破扰动作用应该是显著的，会引起围岩的损伤加剧与局部应力环境的恶化，并最终导致围岩以岩爆的形式失稳[28,134-135]。因此，提出降低对围岩的动力干扰水平的 TBM 施工，以避免岩爆的发生，如陕西省秦岭铁路隧道采用开敞式 TBM 施工很好地控制了岩爆[9]。但工程实践表明，并非 TBM 施工就消除了岩爆的发生，锦屏二级水电站大型深埋隧洞群施工时比较钻爆法和 TBM 法发现，TBM 法在白山组大理岩 2 819 m 长隧道施工中的岩爆发生概率为 29.01%，而钻爆法的岩爆发生概率为 15.18%，且钻爆法不会产生强烈岩爆和极强岩爆，所发生岩爆均为轻微-中等岩爆[8,27]。这些研究表明，开挖围岩本身的力学特性、围岩结构、围岩应力状态应该存在着某种形式的诱发机制，可能会诱发岩爆；岩爆发生除涉及岩爆围岩本身因素的静力学问题和外部扰动的动力学问题外，还应考虑岩爆围岩本身的动力学诱因研究。另外，大量工程实践和室内实验表明[25,137-138]，岩爆的发生具有时滞性，时间上可滞后硐室开挖时间6～30 d，空间上距离掌子面80 m范围[131,139]，基于时不变边界系统的传统静(动)力学较难解释岩爆的复杂时滞问题。现有岩爆发生机制研究是基于不变边界系统的传统静(动)力学，目前还不能阐明岩爆的全部机理。随着时变结构力学的兴起，从变边界变区域的角度研究采矿工程的复杂问题受到广泛重视，由于时变结构力学强调结构内部参数随时间变异，因而成为研究采矿工程中复杂力学问题的有效途径[140]。本章从深部巷道围岩自稳结构分析入手，将时变动力学理论应用于岩爆发生机制的动力学诱因研究。

第二节　时变结构力学基本理论

1687年，牛顿发表的《自然哲学的数学原理》一书标志着力学发展由资料积累向一般原理研究的转变[141]。在几百年力学发展历史中，研究的众多对象具有一个共同特征：研究对象的外部条件（如施加的荷载场、温度场、电磁场等）可以随时间发生变化，但内部参数（包括几何形状、物理特性、边界状态等）在研究时段内总是认为恒定、保持不变的，众多力学学科分支的基本理论与控制方程都是建立在这个前提下的。近代科学技术的迅速发展要求研究内部参数随时间变化的物体的力学现象，形成一门崭新的学科分支——时变结构力学。

19世纪末，梅舍尔斯基(Meshcherskii)[142]在有关陨土研究中首次涉及时变刚体力学，索斯韦尔(Southwell)[143]最早对弹性轴上的厚壁圆筒时变机理进行研究。布朗(Brown)和古德曼 (Goodman)[144]提出经典固体力学的应力协调方程不再满足时变问题的要求。卡拉特(Kharlat)[145]探讨了黏弹性时变体应变协调方程的不协调性。阿鲁图恩扬(Arutyunyan)[146]发展了具有塑性变形及动力效应时变体基本理论。

时变力学的研究在学术与学科发展上有着重要的意义，是现代力学发展新的生长点。经典的力学学科分支基于恒定内部参数的研究对象，而时变力学从“时变”这一新的角度研究力学的各个分支，对新的力学规律与现象建立相应基本理论，将给力学各分支学科赋予新的研究思路与众多研究课题[147]。

时变力学的提出也是当代经济建设发展的产物。一方面，21世纪的工程建设结构向“高、大、复”的方向发展，如超大型水坝，超长地下隧道以及各类新型复杂结构。超大型复杂结构施工规模大、周期长，因此施工期间变化着的不完整结构承受不断改变的施工荷载的施工力学分析对工程设计与施工安全有着十分重要意义，其施工过程的分析与设计计算就涉及时变力学的共同基础[148-149]。另一方面，由于时变机械的产生和发展，如机器人、变翼飞机、航天器有关部件(天线、机械臂等)运作、深海潜水器、自动生产线上各种机械手等多弹性-柔性系统出现,其随时间变化的机械构造的动力分析与设计将涉及时变动力学内容[150]。

一、时变结构力学的研究内容

1. 时变固体力学的研究范畴

学科各分支均有相应的时变力学研究内容,时变固体力学范畴的几个主要研究方面包括[147]:

(1) 线弹性时变力学。在加载过程中线弹性物体形状、尺寸、构成发生变化,研究在(准)静态下内部力学状态的时空变化规律。

(2) 黏弹性时变力学。由具有流变特性材料构成物体,受载后应变状态尚未达到稳定,物体形状发生不可忽略变化,这种形状时变将对正在变化的应变状态产生扰动,在扰动影响未达到稳定时,又会产生新的形状时变,这种本构关系中时间因素和时变力学中几何参数的时变发生耦联,形成复杂时空变化应力状态。

(3) 非线性时变力学。物理、几何、边界因素引起非线性力学问题,其共同特征是最终力学状态与物体内应力(应变、位移)发展历史有关,由于时变力学中物体的几何形状随时间变化历程会影响应力(应变、位移)历史,因而将影响最终力学状态,这种几何形状改变的路径与力学非线性因素耦联是新的力学现象。

(4) 热弹性时变力学。对于非定常热传导形成温度场产生的热应力问题,类似黏性,某种几何形状下物体形成温度场尚未稳定,也会产生非定常中时间因素和时变力学中几何参数的时变耦联,形成复杂变化的温度场与应力场。

(5) 时变动力学。大量具有内部相对运动的机械发生振动不能沿用常规结构动力学理论与方法,即使线弹性问题也不再存在固有“模态”,其分析方法有待完善,同时时变机械的失稳、后屈曲、动力稳定、颤振、弛振等也均需确定一套相应新的理论与方法。

(6) 物性时变力学。实际工程中存在材料特性随时间变异(如混凝土固化)的物体,物理特性的时变与几何形状时变(如施工过程)以及黏性、非线性、非定常、动力学中惯性力项耦联是这类力学问题的又一个新课题。

(7) 边界时变力学。边界特性、位置、参数随时间变异是新的一类时变力学问题,其与黏性、非线性、非定常、动力学以及几何、物性时变中时间因素耦联,将引起一系列时变力学分支课题。

2. 时变结构所讨论的问题

按时变结构参数变化的速率不同,时变结构可分为三类问题讨论,它们的研究对象、问题的性质和分析方法是完全不同的,主要包括[150]:

(1) 快速时变结构力学(时变结构振动理论)。结构在工作过程中迅速改变自身的形状或某些重要参数而形成快速时变结构。这种结构的工作经常伴随着剧烈的振动,因而形成"时变结构动力学"问题。典型的快速时变结构是航天器,特别是具有展开式或伸展式附件的航天器。目前研究成果较多的是具有展开式柔性附件的动力学分析,主要应用"多柔体系统动力学"方法[151]。但此方法不能很好地解决具有伸展附件的航天器分析。

(2) 慢速时变结构力学(施工力学与时间冻结法)。当结构随时间缓慢变化时,可以采用离散性的时间冻结的近似处理,把它当作一序列时不变结构进行静力或动力分析,即研究它工作过程中最不利的若干状态,在每个状态中不考虑结构的变化来分析该状态中结构的强度、刚度和稳定性。典型的慢速时变结构力学问题就是研究结构在施工过程中的力学表现。在结构建造的某些阶段,有些情况下只靠可变结构本身来维持自身的安全是困难的,甚至是不可能的,这时需要增加支持体系,与可变结构组成一个共同工作的系统,成为力学分析的对象。

(3) 超慢速时变结构力学(时变可靠性理论和维修决策理论)。工程结构建成以后,随着时间的推移,结构本身在长期的服役期中将有极其缓慢的变化。导致这种变化的因素有:如环境因素(如温度、湿度、化学反应等)对结构的腐蚀,材料本身的老化引起的力学性质的变化,原始裂缝的扩展,损伤引起的构件尺寸的变化等;经常荷载引起的损伤及其积累。这些因素将导致结构抗力的变化。这种变化虽然缓慢,但在研究结构服役期中的可靠度和维修决策时都须考虑,因而它也是时变结构力学研究的重要内容。

二、时变结构力学问题的求解

时变结构力学的控制方程是变系数数理方程,用解析法求解将非常困难,只有极特殊情况下才能得到精确解,缺乏统一的数学理论[152]。故在理论与实际应用上,探讨含时变系数的微分方程的求解方法,是一个亟待解决的重要课题。

(一) 时变动力结构的状态变量法求解

考虑时变结构体系的时变性,时变结构体系的振动方程可表示为[153]:

$$[\boldsymbol{M}(t)]\{U(t)\}+[\boldsymbol{C}(t)]\{\dot{U}(t)\}+[\boldsymbol{K}(t)]\{U(t)\}=\{F(t)\} \tag{3-1}$$

式中,$[\boldsymbol{M}(t)]$,$[\boldsymbol{C}(t)]$,$[\boldsymbol{K}(t)]$分别为与时间有关的结构质量矩阵、阻尼矩阵、刚度矩阵;$\{F(t)\}$和$\{U(t)\}$分别为时变结构的荷载与响应。

如果结构体系的时变参数随时间改变较为明显时,式(3-1)称为强时变振动方程;而当其时变性不显著时,则称为弱时变振动方程[154]。

令$\{X(t)\}=\{U(t),\dot{U}(t)\}^{\mathrm{T}}$,则式(3-1)可写成:

$$\{\dot{X}(t)\}=[\boldsymbol{A}(t)]\{X(t)\}+[\boldsymbol{B}(t)]\{F(t)\} \tag{3-2}$$

式中：

$[\boldsymbol{A}(t)]=\begin{bmatrix} 0 & I_n \\ -[M(t)]^{-1}[K(t)] & -[M(t)]^{-1}[C(t)] \end{bmatrix}$，$[\boldsymbol{B}(t)]=\begin{bmatrix} 0 & 0 \\ 0 & [M(t)]^{-1} \end{bmatrix}$，$I_n$为 n 阶方阵。

式(3-2)为 n 个自由度时变体系振动问题的状态方程，$\{X(t)\}$为体系的状态向量，可描述结构体系的动力响应。

当考虑结构参数$[\boldsymbol{A}(t)]$仅为时间的函数时，首先可求出与式(3-2)相应的齐次时变方程的解，即方程 $\{\dot{X}(t)\}=[\boldsymbol{A}(t)]\{X(t)\}$ 的解为

$$\{X(t)\}=\Phi(t,t_0)\{X(t_0)\} \tag{3-3}$$

式中，$\Phi(t,t_0)$是 n 阶非奇异方阵，称为时变转移矩阵，它满足

$$\dot{\Phi}(t,t_0)=[\boldsymbol{A}(t)]\Phi(t,t_0) \text{ 且 } \Phi(t_0,t_0)=I_n \tag{3-4}$$

为了求非齐次时变方程(3-2)的解，令方程的解为：

$$\{X(t)\}=\Phi(t,t_0)\{\xi(t)\} \tag{3-5}$$

则

$$\begin{aligned}\{\dot{X}(t)\}&=\dot{\Phi}(t,t_0)\{\xi(t)\}+\Phi(t,t_0)\{\dot{\xi}(t)\}\\&=[\boldsymbol{A}(t)]\Phi(t,t_0)\{\xi(t)\}+\Phi(t,t_0)\{\dot{\xi}(t)\}\end{aligned}$$

将式(3-4)代入上式，可得：

$$\{\dot{X}(t)\}=[\boldsymbol{A}(t)]\Phi(t,t_0)\{\xi(t)\}+\Phi(t,t_0)\{\dot{\xi}(t)\} \tag{3-6}$$

将式(3-5)代入式(3-6)得：

$$\{\dot{X}(t)\}=[\boldsymbol{A}(t)]\{X(t)\}+\Phi(t,t_0)\{\dot{\xi}(t)\} \tag{3-7}$$

比较式(3-2)和式(3-7)，可得：

$$\Phi(t,t_0)\{\dot{\xi}(t)\}=[\boldsymbol{B}(t)]\{F(t)\}$$

从而

$$\{\dot{\xi}(t)\}=\Phi^{-1}(t,t_0)[\boldsymbol{B}(t)]\{F(t)\}$$

对 $\{\dot{\xi}(t)\}$ 积分，可得：

$$\{\xi(t)\}=\{\xi(t_0)\}+\int_0^t\Phi^{-1}(\tau,t_0)[\boldsymbol{B}(\tau)]\{F(\tau)\}\mathrm{d}\tau \tag{3-8}$$

对于初始条件 $t=t_0$，由式(3-3)可得 $\{\xi(t_0)\}=\{X(t_0)\}$，同时 $\Phi^{-1}(t_1,t_0)=\Phi(t_0,t_1)$，将式(3-8)中 $\{\xi(t_0)\}$ 替换为 $\{X(t_0)\}$，再代入式(3-3)，可得式(3-2)

的通解为：

$$\{X(t)\}=\Phi(t,t_0)\{X(t_0)\}+\int_{t_0}^{t}\Phi(t,\tau)[\boldsymbol{B}(\tau)]\{F(\tau)\}\mathrm{d}\tau \tag{3-9}$$

式(3-9)右边第一项为初始状态的时变位移，即为初始条件引起的自由振动，而第二项则为外荷载$\{F(t)\}$产生的时变结构振动响应。

（二）时变动力结构的 Legendre 级数解[155]

令 $\{\dot{X}(t)\}=\{V(t)\}$，由式(3-1)，可知：

$$\begin{cases}[M(t)]\{\dot{V}(t)\}+[C(t)]\{V(t)\}+[K(t)]\{X(t)\}=\{F(t)\}\\ [I]\{\dot{X}(t)\}-[I]\{V(t)\}=\{0\}\end{cases} \tag{3-10}$$

因此，可建立时变动力学(n 阶)状态空间方程为：

$$\begin{bmatrix}I_n & 0\\ 0 & M\end{bmatrix}\begin{Bmatrix}\dot{X}\\ \dot{V}\end{Bmatrix}+\begin{bmatrix}0 & -I_n\\ K & C\end{bmatrix}\begin{Bmatrix}X\\ V\end{Bmatrix}=\begin{Bmatrix}0\\ F\end{Bmatrix} \tag{3-11}$$

进一步可简化为：

$$\begin{cases}\{\dot{Y}(t)\}=[H(t)]\{Y(t)\}+\{F(t)\}\\ \{Y(0)\}=\{Y_0\}=[X_0 \quad \dot{X}_0]^{\mathrm{T}}\end{cases} \tag{3-12}$$

式中，$\{Y(t)\}=[X \quad V]^{\mathrm{T}}$；$[H(t)]=\begin{bmatrix}0 & I_n\\ -M^{-1}K & -M^{-1}C\end{bmatrix}$；$\{F(t)\}=[0 \quad M^{-1}f]^{\mathrm{T}}$。

Legendre 级数 $L_i(z)$的一般表达式[156]，$z\in(-1,2)$，$i=0,1,2,\cdots$，则：

$$L_i(z)=\frac{1}{2^i i!}\frac{\mathrm{d}^i}{\mathrm{d}z^i}[(z^2-1)^i],\quad i=1,2,3,\cdots \tag{3-13}$$

对于时变动力学问题，所研究的为某时间区段 $t\in(0,T)$，因此可进行变量置换，即：

$$z=\frac{2t}{T}-1\quad(0\leqslant t\leqslant T) \tag{3-14}$$

得到变型 Legendre 级数 $S_i(t)$，定义为：

$$(i+1)S_{i+1}(t)=(2i+1)\left(\frac{2t}{T}-1\right)S_i(t)-iS_{i-1}(t),\quad i=1,2,3,\cdots \tag{3-15}$$

式中，$S_0(t)=1$；$S_1(t)=\dfrac{2t}{T}-1$。

对(3-15)式求导，得：

$$\frac{\mathrm{d}}{\mathrm{d}t}S_i(t)=\frac{1}{2t(1-t/T)}\left[iS_{i-1}(t)-i\left(\frac{2t}{T}-1\right)S_i(t)\right] \tag{3-16}$$

变型 Legendre 级数在区间$(0,T)$的正交性质为：

$$\int_0^T S_i(t)S_j(t)\mathrm{d}t=\begin{cases}0, & i\neq j\\ \dfrac{T}{2i+1}, & i=j\end{cases} \tag{3-17}$$

因此定义于区间$(0,T)$的任意函数可用变型 Legendre 级数展开为：

$$f(t)=\sum_{i=1}^{\infty}f_iS_i(t) \tag{3-18}$$

式中，$f_i=\dfrac{2i+1}{T}\int_0^T f(t)S_i(t)\mathrm{d}t$。

若取有限 m 项截断，则：

$$f(t)\approx\sum_{i=0}^{m-1}f_iS_i(t)=[f_m]\{S_m(t)\}=f_mS_m \tag{3-19}$$

式中，$f_m=[f_0\ f_1\ f_2\ \cdots\ f_{m-1}]$；$S_m=[S_0(t)\ S_1(t)\ S_2(t)\ \cdots\ S_{m-1}(t)]$。

变型 Legendre 级数有微分递推关系：

$$S_i(t)=\frac{T}{2(2i+1)}\left[\frac{\mathrm{d}}{\mathrm{d}t}S_{i+1}(t)-\frac{\mathrm{d}}{\mathrm{d}t}S_{i-1}(t)\right],\quad i=1,2,3,\cdots \tag{3-20}$$

对式(3-20)积分，可得变型 Legendre 级数的积分表达式：

$$\int_0^t S_i(\tau)\mathrm{d}\tau=\begin{cases}\dfrac{T}{2}[S_0(t)+S_1(t)], & i=0\\ \dfrac{T}{2(2i+1)}[S_{i+1}(t)-S_{i-1}(t)], & i=1,2,3,\cdots\end{cases} \tag{3-21}$$

写成矩阵形式为：

$$\int_0^t S_m(\tau)\mathrm{d}\tau=\boldsymbol{D}_mS_m(t) \tag{3-22}$$

式中：

$$\boldsymbol{D}_m=\frac{T}{2}\begin{bmatrix}1 & 1 & 0 & 0 & 0 & \cdots & 0 & 0 & 0\\ -1/3 & 0 & 1/3 & 0 & 0 & \cdots & 0 & 0 & 0\\ 0 & -1/5 & 0 & 1/5 & 0 & \cdots & 0 & 0 & 0\\ \vdots & \vdots & \vdots & \vdots & \vdots & & \vdots & \vdots & \vdots\\ 0 & & 0 & -\dfrac{1}{2i+1} & 0 & \dfrac{1}{2i+1} & 0 & & 0\\ \cdots & \cdots & \cdots & \cdots & \cdots & \cdots & \cdots & \cdots & \cdots\end{bmatrix}$$

$S_i(t)$与 $S_j(t)$的乘积同样可展成：

$$S_i(t)S_j(t) \approx \sum_{i=1}^{m-1} a_{ijk} S_k(t) \tag{3-23}$$

式中，$a_{ijk} = \dfrac{2k+1}{T} g_{ijk}$ ；$g_{ijk} = \int_0^T S_i(t)S_j(t)S_k(t)\mathrm{d}t$。

有关系式 $g_{ijk} = g_{ikj} = g_{jik} = g_{jki} = g_{kij} = g_{kji}$ ，则可组成变型 Legendre 级数乘积矩阵的展开式：

$$S_m(t)S_m^T(t) = \sum_{i=1}^{m-1} \frac{2k+1}{T} \boldsymbol{G}_k S_k(t) \tag{3-24}$$

式中：

$$\boldsymbol{G}_k = \begin{bmatrix} g_{00k} & g_{01k} & g_{02k} & \cdots & g_{0,m-1,k} \\ g_{10k} & g_{11k} & g_{12k} & \cdots & g_{1,m-1,k} \\ g_{20k} & g_{21k} & g_{22k} & \cdots & g_{2,m-1,k} \\ \vdots & \vdots & \vdots & & \vdots \\ g_{m-1,0k} & g_{m-1,1k} & g_{m-1,2k} & \cdots & g_{m-1,m-1,k} \end{bmatrix}$$

对式(3-10)积分，可得：

$$\{\boldsymbol{Y}(t)\} - \{\boldsymbol{Y}(0)\} = \int_0^t [\boldsymbol{H}(\tau)]\{\boldsymbol{Y}(\tau)\}\mathrm{d}t + \int_0^t \{\boldsymbol{F}(\tau)\}\mathrm{d}\tau \tag{3-25}$$

式中，时间函数矩阵$\{\boldsymbol{Y}(t)\}$、$\{\boldsymbol{F}(t)\}$和$[\boldsymbol{H}(t)]$的变型 Legendre 级数展开为：

$$\{\boldsymbol{Y}(t)\} \approx \sum_{i=1}^{m-1} [Y_{1i} \quad Y_{2i} \quad \cdots \quad Y_{2ni}]^{\mathrm{T}} S_k(t) = [\boldsymbol{S}_m]^{\mathrm{T}}\{\boldsymbol{Y}_m\}$$

$$\{\boldsymbol{F}(t)\} \approx= [\boldsymbol{S}_m]^{\mathrm{T}}\{\boldsymbol{F}_m\}$$

$$[\boldsymbol{H}(t)] \approx= [\boldsymbol{H}_m]^{\mathrm{T}}\{\boldsymbol{S}_m\}$$

式中，$\{\boldsymbol{F}_m\}$和$[\boldsymbol{H}_m]$分别为$\{\boldsymbol{F}(t)\}$和$[\boldsymbol{H}(t)]$的变型 Legendre 级数展开系数矩阵；$[\boldsymbol{S}_m]$为变型 Legengre 级数矩阵，均为已知，而$\{\boldsymbol{Y}_m\}$待求解。

其中，$[\boldsymbol{H}(t)]$与$\{\boldsymbol{Y}(t)\}$的矩阵乘积可展开为：

$$[\boldsymbol{H}(t)]\{\boldsymbol{Y}(t)\} \approx [\boldsymbol{H}_m]^{\mathrm{T}}[\boldsymbol{S}_m][\boldsymbol{S}_m]^{\mathrm{T}}\{\boldsymbol{Y}_m\} \tag{3-26}$$

其中，$[\boldsymbol{S}_m]$与$[\boldsymbol{S}_m]^{\mathrm{T}}$的乘积利用级数乘积矩阵表达式(3-24)，可得：

$$[\boldsymbol{H}(t)]\{\boldsymbol{Y}(t)\} \approx [\boldsymbol{S}_m]^{\mathrm{T}}[\hat{\boldsymbol{H}}_m]\{\boldsymbol{Y}_m\} \tag{3-27}$$

式中：

$$[\hat{\boldsymbol{H}}_m]=\begin{bmatrix} \frac{1}{T}\sum_{i=0}^{m-1} g_{00k}H_k & \frac{1}{T}\sum_{i=0}^{m-1} g_{01k}H_k & \cdots & \frac{1}{T}\sum_{i=0}^{m-1} g_{0,m-1,k}H_k \\ \frac{3}{T}\sum_{i=0}^{m-1} g_{10k}H_k & \frac{3}{T}\sum_{i=0}^{m-1} g_{11k}H_k & \cdots & \frac{3}{T}\sum_{i=0}^{m-1} g_{1,m-1,k}H_k \\ \frac{5}{T}\sum_{i=0}^{m-1} g_{20k}H_k & \frac{5}{T}\sum_{i=0}^{m-1} g_{21k}H_k & \cdots & \frac{5}{T}\sum_{i=0}^{m-1} g_{2,m-1,k}H_k \\ \vdots & \vdots & & \vdots \\ \frac{2m-1}{T}\sum_{i=0}^{m-1} g_{m-1,0,k}H_k & \frac{2m-1}{T}\sum_{i=0}^{m-1} g_{m-1,1,k}H_k & \cdots & \frac{2m-1}{T}\sum_{i=0}^{m-1} g_{m-1,m-1,k}H_k \end{bmatrix}$$

对式(3-25)中 $\{\boldsymbol{Y}(0)\}$ 进行如下改写：

$$\{\boldsymbol{Y}(0)\}=\boldsymbol{S}_0\boldsymbol{Y}_0=[\boldsymbol{S}_m]^{\mathrm{T}}\{\boldsymbol{W}_m\} \tag{3-28}$$

式中，$\{\boldsymbol{W}_m\}$ 是人为构造 $2nm$ 阶列阵，其前 $2n$ 元素为给定式(3-2) 的初值条件，其余元素为零。

将式(3-25)中时间函数矩阵 $\{\boldsymbol{Y}(t)\}$ 和 $\{\boldsymbol{F}(t)\}$ 展开级数，将式(3-27)和式(3-28)代入基本算式(3-25)，并代入式(3-22)的积分值，可得：

$$[\hat{\boldsymbol{S}}_m]^{\mathrm{T}}\{\boldsymbol{Y}_m\}-[\hat{\boldsymbol{S}}_m]^{\mathrm{T}}\{\boldsymbol{W}_m\}=[\hat{\boldsymbol{S}}_m]^{\mathrm{T}}[\hat{\boldsymbol{D}}_m]^{\mathrm{T}}[\hat{\boldsymbol{H}}_m]\{\boldsymbol{Y}_m\}+[\hat{\boldsymbol{S}}_m]^{\mathrm{T}}[\hat{\boldsymbol{D}}_m]^{\mathrm{T}}\{\boldsymbol{F}_m\} \tag{3-29}$$

式中，$[\hat{\boldsymbol{D}}_m]=[\boldsymbol{I}_{2n}]\otimes[\boldsymbol{D}_m]$，其中⊗为克罗内克(Kronecker)乘积。

式(3-29)消去$[\hat{S}_m]^{\mathrm{T}}$ 可得：

$$\{\boldsymbol{Y}_m\}=([\boldsymbol{I}]_{2nm}-[\hat{\boldsymbol{D}}_m]^{\mathrm{T}}[\hat{\boldsymbol{H}}_m])^{-1}(\{\boldsymbol{W}_m\}+[\hat{\boldsymbol{D}}_m]^{\mathrm{T}}\{\boldsymbol{F}_m\}) \tag{3-30}$$

按式(3-25)中时间函数矩阵$\{Y(t)\}$展开级数有解的统一表达式

$$\{\boldsymbol{Y}(t)\}=[\hat{\boldsymbol{S}}_m]^{\mathrm{T}}([\boldsymbol{I}]_{2nm}-[\hat{\boldsymbol{D}}_m]^{\mathrm{T}}[\hat{\boldsymbol{H}}_m])^{-1}(\{\boldsymbol{W}_m\}+[\hat{\boldsymbol{D}}_m]^{\mathrm{T}}\{\boldsymbol{F}_m\}) \tag{3-31}$$

从而给出式(3-2)的解$\{\boldsymbol{X}(t)\}$。

(三) 时变动力学问题的其他求解法

1. 数值方法

研究表明数值方法是求解时变力学问题最为有效的方法，随着有限元软件发展及计算机普及，这一方法得到更为广泛的应用[147]。时变力学数值方法基本原理与经典的非时变力学数值解法原则上是一致的。需注意的是，对于非定常及动力学问题，在时域离散积分时每一时步的运算矩阵(刚阵、质阵、阻尼阵、热刚阵等)因几何、物性、边界等参数随时间变异而引起其中元素的变化；对于非线性问题，每一计算时步的刚度矩阵形成除了考虑载荷增量引起力学(应力、应变、位移)状态变化外还要考虑因几何、物性、边界随时间变异而引起力学状态变化[157]。目前，时变力学的数值分析涉及基本方法与工程应用多个方面，如逐次积分法、分区耦合重分析法、矩阵位移法、半解析法、群桩施工、高层建筑、桥梁、大坝、基坑、隧道、非线性时变、边界时变、热弹性时变。

2. 拓扑法

拓扑学原理用于时变力学计算形成一种结构变更法[158]，其对变异结构，无须重新计算，只是在原结构力学状态基础上按结构变更定理即可建立变化后结构的力学状态。这种方法曾用于铰接结构、空间杆系、连续体等时变计算。

第三节　双向等压圆形巷道围岩时变解析分析

一、圆形巷道的弹性与黏弹性时变解析解

对于深埋地下硐室，为分析问题的方便，可将其简化为处于双向等压的地应力状态下无限均匀介质中圆孔开挖问题，则可视为平面轴对称问题，如图 3-1 所示，圆孔半径的时变过程函数为 $a(t)$，岩石本构模型取麦克斯韦(Maxwell)黏弹性模型，如图 3-2 所示。

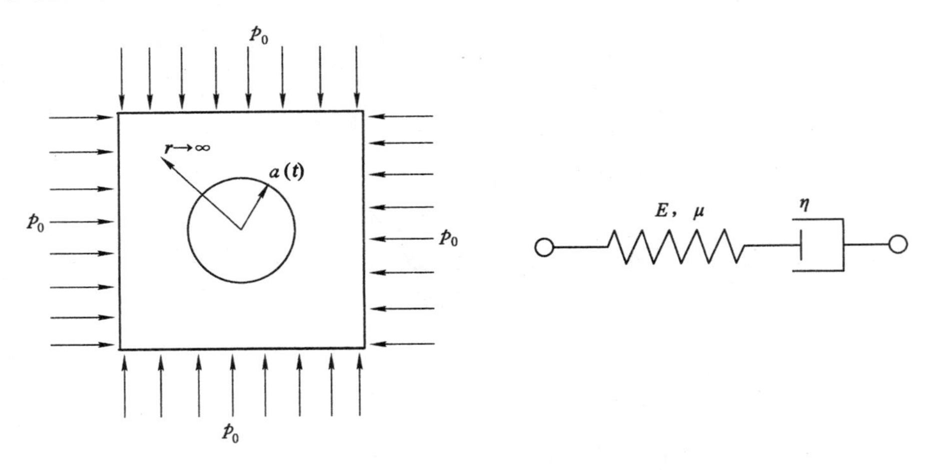

图 3-1　黏弹性力学模型　　　图 3-2　麦克斯韦(Maxwell)黏弹性模型

Maxwell 黏弹性模型的本构方程为[159]：

$$\begin{cases} 球量 \quad \sigma_{ii} = 3K\varepsilon_{ii} \\ 偏量 \quad e_{ij} = \dfrac{\dot{S}_{ij}}{2G} + \dfrac{S_{ij}}{2\eta} \end{cases} \tag{3-32}$$

式中，$K = E/[3(1-2\mu)]$ 为体应变模量，$G = E/2(1+\mu)$ 为剪切模量，η 为黏滞系数。

（一）非时变问题的弹性解和黏弹性解

设圆孔半径 $a(t)=a_0$，由弹性理论可求得双向等压圆孔无限平面弹性解（平面应变问题）为：[160]

$$\begin{cases}\sigma_r=-p_0(1-\dfrac{a_0^2}{r^2})\\ \sigma_\theta=-p_0(1+\dfrac{a_0^2}{r^2})\end{cases}\tag{3-33}$$

$$u=\frac{(1-\mu^2)p_0}{E}\left(r+\frac{a^2}{r}\right)-\frac{\mu(1+\mu)p_0}{E}\left(r-\frac{a^2}{r}\right)\tag{3-34}$$

假设软化区内体积不可压缩，取 $\mu=1/2$，则 $\varepsilon_r+\varepsilon_\theta+\varepsilon_z=0$，径向位移解为：

$$u_r=-\frac{p_0a_0^2}{2Gr}\tag{3-35}$$

由于式(3-33)径向应力和切向应力弹性解中不含材料常数，则应力黏弹性解与弹性解相同，黏弹性位移解可由对应原理或直接解方程法求得[161]：

$$u_r^v=-\frac{p_0a_0^2}{2Gr}-\frac{p_0a_0^2}{2\eta r}t\tag{3-36}$$

（二）线弹性时变力学解

线弹性时变力学解可由非时变弹性解中的物理或几何参数改为相应时变函数而得到[162]，则无体积变形时本问题线弹性时变力学解为：

$$\begin{cases}\sigma_{\theta T}^e=-p_0(1-\dfrac{a\ (t)^2}{r^2})\\ \sigma_{rT}^e=-p_0(1+\dfrac{a\ (t)^2}{r^2})\end{cases}\tag{3-37}$$

$$u_{rT}^e=-\frac{p_0a\ (t)^2}{2Gr}\tag{3-38}$$

（三）黏弹性时变力学解

时变力学对应性原理是将基本方程进行拉普拉斯(Laplace)变换，将黏弹性微分型本构方程转换成与弹性时变本构方程相同的形式，G_v 是对应于弹性本构方程中的 G 参数，故黏弹性时变力学解可由相应线弹性时变力学解经拉普拉斯变换，将变换解中 G 变成 G_v（可由不同黏弹本构方程取值），再将结果逆变换而得到。由于该问题时变应力弹性解中不含材料参数[见式(3-37)]，因此时变黏弹性应力解与时变弹性解相同，其解为：

$$\begin{cases}\sigma_{\theta T}^v=\sigma_{\theta T}^e=-p_0(1-\dfrac{a\ (t)^2}{r^2})\\ \sigma_{rT}^v=\sigma_{rT}^e=-p_0(1+\dfrac{a\ (t)^2}{r^2})\end{cases}\tag{3-39}$$

王华宁[159]从黏弹性时变力学基本方程出发直接进行解析求解，得到径向位移的黏弹性解：

$$u_{rT}^{v} = -\frac{p_0}{2\eta r}\int_0^t a^2(t)\,\mathrm{d}t - \frac{p_0 a(t)^2}{2Gr} \tag{3-40}$$

二、圆形巷道的弹塑性时变解析解

设圆形巷道半径为 a_0，不考虑支护影响，在无限远处受初始地应力为 p_0，可按轴对称平面应变问题考虑。岩石单轴抗压强度及相应的应变分别为 σ_c 和 ε_c；弹性模量为 E，弹性区和塑性区交界处的应力为 σ_r^b 和 σ_θ^b，塑性区半径的时变过程函数为 $b(t)$，计算采用的力学模型如图 3-3 所示。

岩石本构方程为如图 3-4 所示的双线性应力-应变关系。本构关系方程为：

弹性阶段

$$\sigma = E\varepsilon_c, \varepsilon < \varepsilon_c \tag{3-41}$$

软化阶段

$$\sigma = \sigma_c - E_\lambda(\varepsilon - \varepsilon_c), \varepsilon > \varepsilon_c \tag{3-42}$$

式中，E_λ 为峰后单位应变增长时应力下降的数值，称为降模量。该本构关系可用来研究脆性煤岩的力学问题，岩石脆性越强，E_λ 值越大；脆性越弱，E_λ 值越小；$E_\lambda = 0$ 为理想塑性材料[163]。

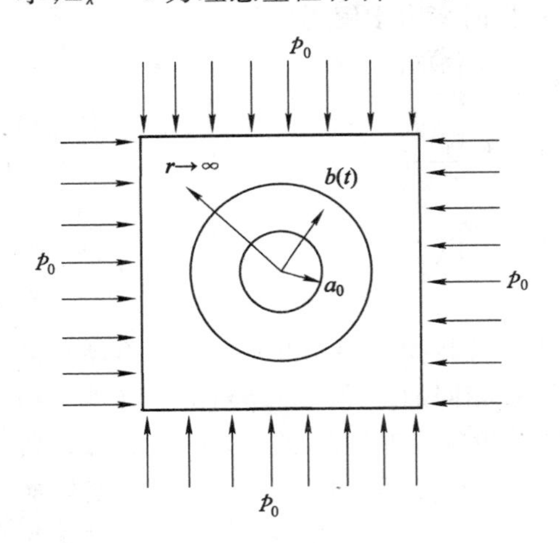

图 3-3　弹塑性力学模型

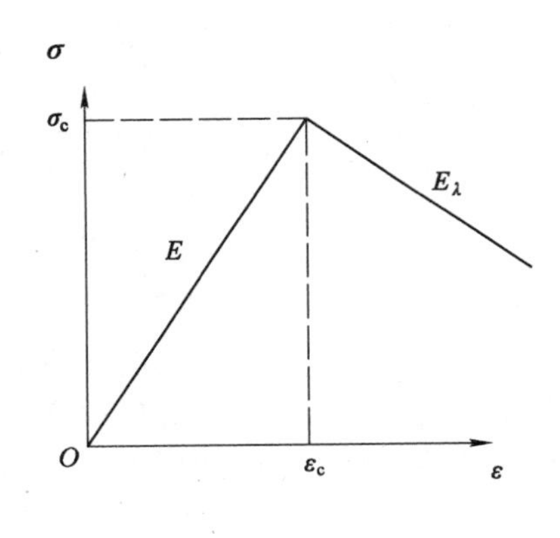

图 3-4　双线性本构方程

1. 弹性区时变力学解

对于弹性区的时变力学解，弹性区中的应力可由下述条件求得，即除在无限远边界上作用有初始应力状态外，在弹性区和塑性区的分界圆周上还作用有未知的轴对称径向应力 σ_{rT}^{b}，无体积变形时本问题弹性区时变力学解为：

$$\begin{cases}\sigma_{rT}^{e}=p_{0}\left(1-\dfrac{b(t)^{2}}{r^{2}}\right)+\sigma_{rT}^{b}\dfrac{b(t)^{2}}{r^{2}}\\ \sigma_{\theta T}^{e}=p_{0}\left(1+\dfrac{b(t)^{2}}{r^{2}}\right)-\sigma_{rT}^{b}\dfrac{b(t)^{2}}{r^{2}}\\ \sigma_{zT}^{e}=\mu(\sigma_{\theta T}^{e}+\sigma_{rT}^{e})\end{cases}\tag{3-43}$$

弹性区内无体积变形，取 $\mu=1/2$，则 $\varepsilon_{rT}^{e}+\varepsilon_{\theta T}^{e}+\varepsilon_{zT}^{e}=0$。

弹性区内等效应力强度 σ_{iT}^{e} 为：

$$\begin{aligned}\sigma_{iT}^{e}&=\frac{1}{\sqrt{2}}\sqrt{(\sigma_{rT}^{e}-\sigma_{\theta T}^{e})^{2}+(\sigma_{\theta T}^{e}-\sigma_{zT}^{e})^{2}+(\sigma_{zT}^{e}-\sigma_{rT}^{e})^{2}}\\&=\sqrt{3}(p_{0}-\sigma_{rT}^{b})\frac{b(t)^{2}}{r^{2}}\end{aligned}\tag{3-44}$$

在弹性区和塑性区交界能够变化，取决于等效应力强度 σ_{iT}^{e} 是否超过其抗压强度，故取 $\sigma_{iT}^{e}=\sigma_{c}$，结合式(3-43)和式(3-44)可得两区交界的径向应力为：

$$\sigma_{rT}^{b}=p_{0}-\frac{1}{\sqrt{3}}\sigma_{c}\tag{3-45}$$

将式(3-45)代入式(3-44)，可得：

$$\sigma_{iT}^{e}=\frac{b(t)^{2}}{r^{2}}\sigma_{c}\tag{3-46}$$

2. 塑性区时变力学解

对于塑性区，其基本方程如下：

(1) 几何方程

$$\varepsilon_{rT}^{p}=\frac{\partial u_{rT}^{p}(r,t)}{\partial r},\varepsilon_{\theta T}^{p}=\frac{u_{rT}^{p}(r,t)}{r},\varepsilon_{zT}^{p}=0\tag{3-47}$$

(2) 平衡方程

$$\frac{\partial\sigma_{rT}^{p}(r,t)}{\partial r}+\frac{\sigma_{rT}^{p}(r,t)-\sigma_{\theta T}^{p}(r,t)}{r}=0\tag{3-48}$$

假设塑性区岩体的等效应力强度 σ_{iT}^{p} 和等效应变强度 ε_{iT}^{p} 服从式(3-42)双线性的本构关系，则在塑性区内：

$$\sigma_{iT}^{p}=\sigma_{c}-E_{\lambda}(\varepsilon_{iT}^{p}-\varepsilon_{c})\tag{3-49}$$

将 $\varepsilon_{c}=\sigma_{c}/E$ 代入上式得峰值后的本构关系式为：

$$\sigma_{iT}^{p}=\sigma_{c}(1+\frac{E_{\lambda}}{E})-E_{\lambda}\varepsilon_{iT}^{p}\tag{3-50}$$

假设塑性区岩体体积不可压缩，则 $\varepsilon_{rT}^{p}+\varepsilon_{\theta T}^{p}+\varepsilon_{zT}^{p}=0$。将式(3-47)代入此体积不可压缩条件，可得：

$$\frac{\partial u_{rT}^{p}(r,t)}{\partial r}+\frac{u_{rT}^{p}(r,t)}{r}=0 \tag{3-51}$$

式(3-51)的通解为：

$$u_{rT}^{p}=\frac{1}{r}A(t) \tag{3-52}$$

将式(3-52)代入式(3-47)，可得：

$$\varepsilon_{rT}^{p}=-\frac{1}{r^{2}}A(t),\varepsilon_{\theta T}^{p}=\frac{1}{r^{2}}A(t),\varepsilon_{zT}^{p}=0 \tag{3-53}$$

由式(3-53)可得塑性区的等效应变强度为：

$$\varepsilon_{iT}^{p}=\frac{\sqrt{2}}{3}\sqrt{(\varepsilon_{rT}^{p}-\varepsilon_{\theta T}^{p})^{2}+(\varepsilon_{\theta T}^{p}-\varepsilon_{zT}^{p})^{2}+(\varepsilon_{zT}^{p}-\varepsilon_{rT}^{p})^{2}}=\frac{2}{\sqrt{3}}\frac{A(t)}{r^{2}} \tag{3-54}$$

同时由式(3-50)得塑性区的等效应力强度为：

$$\sigma_{iT}^{p}=\frac{\sqrt{3}}{2}(\sigma_{rT}^{p}-\sigma_{\theta T}^{p})=\sigma_{c}(1+\frac{E_{\lambda}}{E})-E_{\lambda}\varepsilon_{iT}^{p} \tag{3-55}$$

已知弹性区和塑性区交界的等效应力强度相等，则联立式(3-54)和式(3-46)，可得：

$$A(t)=\frac{\sqrt{3}}{2}\frac{b(t)^{2}\sigma_{c}}{E} \tag{3-56}$$

则可得到塑性区的径向位移为：

$$u_{rT}^{p}=\frac{\sqrt{3}}{2}\frac{b(t)^{2}\sigma_{c}}{Er} \tag{3-57}$$

由式(3-54)至式(3-56)得到 $\sigma_{rT}^{p}-\sigma_{\theta T}^{p}=\frac{2}{\sqrt{3}}\sigma_{c}(1+\frac{E_{\lambda}}{E})-\frac{E_{\lambda}b(t)^{2}\sigma_{c}}{Er^{2}}$，代入式(3-48)，根据边界条件 $\sigma_{rT}^{p}|_{r=a0}=0$，求解可得：

$$\sigma_{rT}^{p}=\frac{2}{\sqrt{3}}\sigma_{c}\left[\left(1+\frac{E_{\lambda}}{E}\right)\ln\frac{r}{a_{0}}+\frac{E_{\lambda}b(t)^{2}}{2E}\left(\frac{1}{r^{2}}-\frac{1}{a_{0}{}^{2}}\right)\right] \tag{3-58}$$

$$\sigma_{\theta T}^{p}=\frac{2}{\sqrt{3}}\sigma_{c}\left[\left(1+\frac{E_{\lambda}}{E}\right)\left(1+\ln\frac{r}{a_{0}}\right)-\frac{E_{\lambda}b(t)^{2}}{2E}\left(\frac{1}{r^{2}}+\frac{1}{a_{0}{}^{2}}\right)\right] \tag{3-59}$$

3. 时变速率相关性分析

设圆形巷道开挖半径为 a_0，塑性区边界以速率 c 向外扩展 T 时间后结束时变，塑性区半径变为 $b(T)=b_0$，则 $T=(b_0-a_0)/c$ 。

由弹性区和塑性区边界径向应力连续条件 $\sigma_{rT}^{p}|_{b_{(t)}=b_0}=\sigma_{rT}^{e}|_{b(t)=b_0}$，联立解式(3-45) 和式(3-58) 得塑性区半径 b_0 的求解公式为：[164]

$$\frac{2}{\sqrt{3}}\sigma_{c}\left[\left(1+\frac{E_{\lambda}}{E}\right)\ln\frac{b_{0}}{a_{0}}+\frac{E_{\lambda}}{2E}\left(1-\frac{b_{0}{}^{2}}{a_{0}{}^{2}}\right)\right]=p_{0}-\frac{1}{\sqrt{3}}\sigma_{c} \tag{3-60}$$

设塑性区半径的时变过程函数：

$$b(t)=\begin{cases}a_0+ct, & 0\leqslant t\leqslant T\\ b_0, & t>T\end{cases} \tag{3-61}$$

当 $t\in[0,T]$ 时，塑性区径向位移解为：

$$u_{rT}^{p}=\frac{\sqrt{3}}{2}\frac{\sigma_c}{Er}(a_0+ct)^2 \tag{3-62}$$

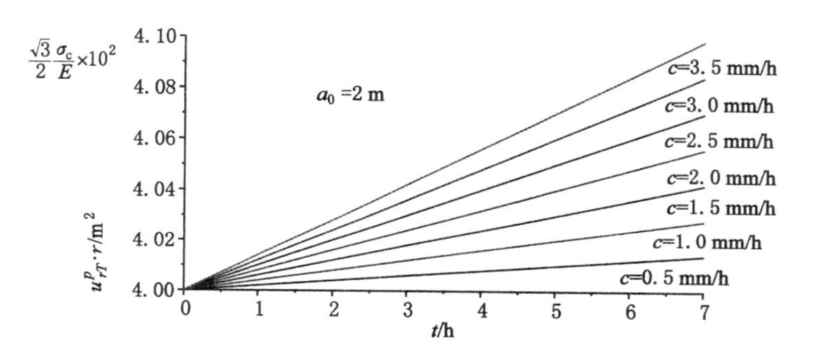

图 3-5 不同速率的位移图

由图 3-5 可见，不同塑性区边界移动速率，使得塑性区内岩体径向位移是不同的，塑性区边界移动越快，相同时刻的岩体位移越大。由图 3-6 可见，巷道半径越大，相同时刻的位移越大。众所周知，坚硬岩体的受力破坏形式是很突然的，这很容易造成硬岩巷道围岩塑性区边界的快速移动，因而容易诱发岩块高速弹射的岩爆现象。

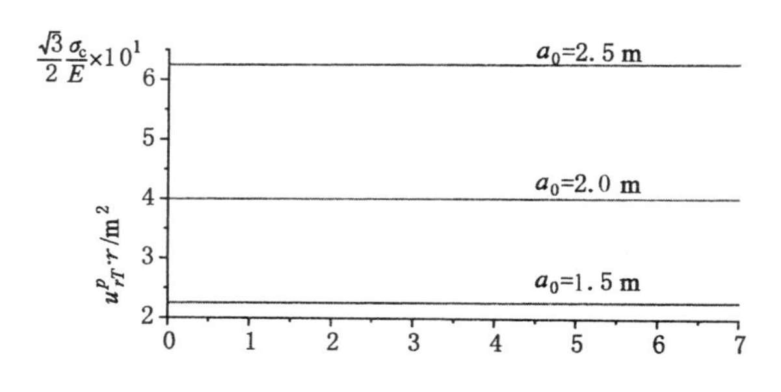

图 3-6 不同巷道半径的位移图

第四节　巷道围岩自稳时变结构分析

一、岩爆问题的时滞性

大量工程实践表明，岩爆的发生是与时间和空间因素相关的。绝大多数岩爆都发生在掌子面附近一定范围；高峰区段随着掌子面的前进而向前拖动，但与掌子面的间距一般保持不变。瑞典某引水隧洞岩爆主要发生在距离掌子面洞径2倍范围内，并随掌子面推进而移动，在3～4d内衰减[25]。国内太平驿电站岩爆主要发生在距离掌子面3～30 m的范围[165]；二滩水电站左导流洞岩爆一般发生在距离掌子面2.0～10.0 m的范围内，爆破后最为强烈，随时间推移而逐渐减弱[22]。郭志强[107]根据现场监测结果，总结岩爆频率与爆破间隔时间的关系如图3-7所示，表明中等以上岩爆区的岩爆在爆破后1 h和6～7 h时比较频繁。

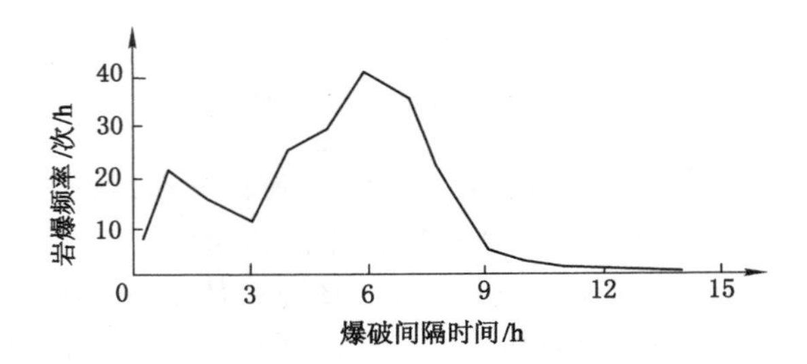

图3-7　岩爆频率与爆破间隔时间关系[107]

纵观目前与时间相关的岩爆研究状况，可将岩爆时间效应研究划分为两种范围的类型：一是随外载荷加载时间导致的岩爆，二是岩体强度随时间衰减引发的岩爆。林科夫(Linkov)[136]从应变软化与蠕变的相互作用的角度，探讨了缓慢变形到瞬间失稳引发的与时间有关的岩爆现象；张晓春等[137]采用岩石板裂梁的纵向受压的力学模型，考虑深部岩石的流变性，分析了板梁稳定性的时间分叉特性，给出时间分叉点的计算式，并对深部矿井延迟性岩爆发生机制进行了初步分析，采场来压或井下爆破扰动使这一过程提前发生，延迟岩爆具有稳蔽性。张晓春等[166]同时针对层状或具有层裂结构的围岩体，建立了围岩延迟失稳的黏弹性板屈曲模型，讨论了岩爆发生的延迟时间的估算问题。徐曾和等[167]基于用尖点突变理论研究了柱式开采时厚层状黏弹性顶板岩层下单一矿柱岩爆的滞后机制，并探讨了影响岩爆最大滞后时间的因素。

岩爆的实验室研究也表明岩爆时滞性的存在。张艳博等[168]对开圆孔的大理岩岩块施加双向压力，模拟了含水与干燥情况下的岩爆，发现含水之后大理岩岩爆发生时间有明显滞后现象，含水后岩爆剧烈程度有所降低。何满潮等[86]利用自行设计的真三轴深部岩爆过程实验系统对花岗岩试样进行试验，Δt 为实验室内卸载后至发生岩爆的时间 Δt_1，当 $\Delta t_1 < 30$ s 时，为瞬时岩爆；当 $\Delta t_1 = 30 \sim 120$ s 时，为标准岩爆；当 $\Delta t_1 > 120$ s 时，为滞后岩爆。

由以上研究可以看出，岩爆往往在硐室开挖加卸载完成后，经过一段滞后时间才发生，使得岩爆灾害具有一定的隐蔽性和破坏性，这无疑增大了对岩爆预测、预报及防治的难度。研究岩爆发生机制时，必须考虑时间因素的影响，涉及岩爆时间效应的研究是复杂的，需要不断引入新的认识论和方法论，这对于开拓和发展岩爆理论、准确预测和控制岩爆是很有必要的。

二、巷道围岩自稳时变结构的提出

岩爆是人工开挖诱发的一种人为事件，尽管岩爆受到围岩岩性及地应力等背景条件的控制，但如果岩石不被挖走，岩体还会安然无恙地处在地下深处。地下硐室形成后破坏了岩体原始的应力平衡状态，受力状态由三轴转变为单轴或双轴状态，切向应力 σ_θ 加载，而径向应力 σ_r 卸载。岩爆发生表明围岩岩体产生破坏，其重要的特征之一是其切向应力的峰值会从围岩临空面向岩体内部跃迁。工程实例表明，这种应力的跃迁与岩爆的发生有密切联系，可能成为岩爆发生的动力源。侯发亮等[169]指出，硐室埋深较大，即使没有构造应力，由于上覆岩体效应，硐室可能会发生岩爆。卢文波等[170]认为，高地应力条件下开挖荷载瞬态加卸荷诱发的震动占到围岩总体震动响应的很大部分，因而可能诱发岩爆。结合何满潮等[86]岩爆应力演化模型，可得出圆形硐室的切向应力的峰值跃迁情况，如图 3-8 所示。

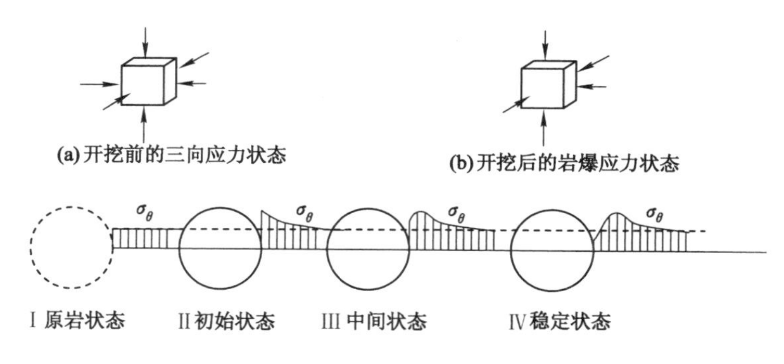

图 3-8　岩爆切向应力演化模型

现有岩爆发生机制的研究基本是针对开挖后的稳定状态Ⅳ展开，也就是开挖后应力场调整的最终结果，而较少关注应力由初始状态Ⅱ跃迁到中间状态Ⅲ，再由中间状态Ⅲ跃迁到稳定状态Ⅳ时围岩的动态响应。由图 3-8 可以看出，应力跃迁过程中，围岩系统的内部参数如几何形状(围岩变形导致)、岩石物理力学特性(高应力状态岩石脆性向延性的过渡)、边界状态(围岩破裂区和弹性区的边界)以及岩体含能状态等，都在随时间发生变化。文献[171]中介绍了金川镍矿和张家洼铁矿的深部围岩体采用多点位移计测量其围岩变形的力学形态，实测 100 多个孔显示，拉应变和压应变交替产生，拉压应变是可以变化的，不是固定的，总的趋势是拉压域交替产生并且逐渐衰减，直到最后消失。可见，岩爆问题具有时变结构力学的结构内部参数随时间变异的特点，可将时变结构力学理论应用于岩爆发生机制研究，从一个新的角度研究岩爆发生的原因。

巷道围岩自稳结构是客观存在的。钱鸣高等[104]认为，硐室开掘后，硐室空间上方岩层的重量将由硐室支架与硐室周围岩体共同承担。从总的规律看，硐室上覆岩体的重量由硐室支架承担的仅占 1%～2%，其余的完全由硐室周围岩体承受，说明硐室围岩存在着某种形式的自稳结构。贺永年[142]认为地下工程或岩石工程的结构稳定要从结构效应进行分析。姜耀东[76]认为结构和不连续特性在研究深部岩体工程稳定性中起重要作用。众多的工程实例还表明，软弱节理岩石不具有岩爆倾向性，岩爆多数发生在石英岩、花岗岩、正长岩、闪长岩、花岗闪长岩、大理岩、片麻岩等坚硬岩体中。这些岩体的共同力学特性是岩石单轴抗压强度大，多数超过 100 MPa[45]，因而具备了形成硐室围岩自稳结构的条件。岩爆岩体另一个特性是表现为脆性，即达到峰值强度后，岩石急剧断裂。由图 3-8 可知，切向应力的初始状态Ⅱ也是围岩自稳结构的最初状态，这种状态如果能存在，表明围岩没有发生断裂破坏。然而，在高应力条件下，围岩体断裂是必然的，如果围岩体断裂急剧，围岩切向应力的跃迁也是急剧的。围岩自稳结构边界会发生改变，围岩每发生一次断裂，将导致自稳结构边界的调整或变迁。从岩爆岩体物理性质的角度，其脆性岩体在深部高应力条件下会转变为延性，但在开挖卸荷条件下又由延性向脆性转化，对于远离开挖硐室的岩体又会由脆性转化为延性[43]。由此可见，围岩自稳结构的边界、力学特性是随时都在变化的，按王光远[150]的观点，将这种内部参数(几何形状、边界状态、物理特性)随时间发生变化的结构称为“时变结构”。本书的研究对象主要集中在开挖硐室周边的围岩，结合岩爆发生机制的研究，首次提出“围岩自稳时变结构”的概念，认为岩爆是满足某种条件下围岩自稳时变结构调整的过程。

三、巷道围岩自稳时变结构的分布

深埋巷道开挖引起围岩应力重分布，当次生应力场满足围岩体破坏条件时，应力释放，深部围岩体将产生第一次破裂区，康红普[172]、陈学华等[173]提出破裂区和弹性区的岩体构成控制围岩整体承载能力的承载结构，称为“关键圈”或“关键层”。当岩体处于浅部时，由于地应力水平低，在应力释放后不可能再产生第二次破裂区，而深部岩体主要特点是地应力高，应力释放后产生的第一次破裂区的外边界相当于新的开挖边界，这样应力再次重新分布；当重新分布的应力场满足岩体破坏条件时，应力会再次释放，从而产生第二次破裂区；依次类推，直到应力释放后不足以产生破裂区为止，这就是深部岩体的分区破裂化现象[41,174]。这里将“关键圈”的承载结构理论扩展，可以各不破裂区为边界，弹性未破裂区和破裂区岩石构成一个深部围岩自稳子结构，结合时变理论，即可称为“围岩自稳时变结构”。图 3-9 用以说明围岩自稳时变结构的分布，图中粗实线为每个自稳时变结构的时变边界。

围岩结构的形成与岩性、施工方法等多种因素有关，图 3-9 是一种典型的情况。此种情况下，岩爆发生前，围岩主断裂路径平行于最大主应力，形成平行于洞壁自由面的板状劈裂，裂纹扩展（图 3-9 中平行于洞壁自由面的虚线）贯穿后形成的岩板。周小平等[175]在仅考虑静水压力的情况，分析了圆形巷道分区破裂的半径。对于第二个破裂区，第一个破裂区的外边界就是求解弹性区的边界，存在一与时间有关的边界应力 $p_i(t)$。依此类推。$p_0(t)$在 $t=0$ 未开挖时等于地应力，在 $t=t_0$ 开挖完成时 $p_0(t)=0$。设开挖扰动后的二次应力场为弹性的，则可分为 $p_i(t)$和原岩应力场 q 两部分求解巷道围岩二次应力场 σ_θ 和 σ_r，同时假设岩石破坏满足莫尔-库仑（Mohr-Coulomb）强度准则，可得：

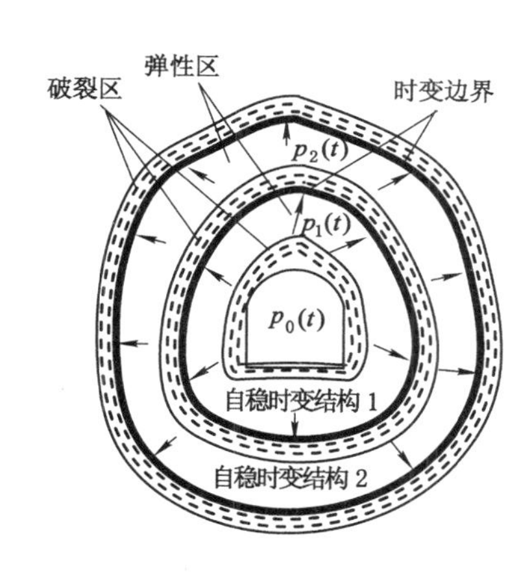

图 3-9　围岩自稳时变结构分布

$$\begin{cases}\sigma_\theta = \sigma_{\theta p(t)}(r,t) + q\left(1+\dfrac{r_0^2}{r^2}\right) \\ \sigma_r = \sigma_{rp(t)}(r,t) + q\left(1-\dfrac{r_0^2}{r^2}\right) \\ \sigma_\theta - \sigma_r = 2(c_0\cot\varphi + \sigma_r)\dfrac{\sin\varphi}{1-\sin\varphi}\end{cases} \tag{3-63}$$

式中，r_0 为圆形硐室的半径；r 为围岩与圆形硐室圆心的距离；φ 为岩石的内摩擦角；c_0 为岩石的黏聚力；$\sigma_{\theta p(t)}(r,t)$ 和 $\sigma_{rp(t)}(r,t)$ 是由边界应力 $p_i(t)$ 引起并与 r 和时间有关的应力分量，详见文献[175]。

解式(3-63)可得破裂区的内边界 R_0、外边界 R_1 及破裂区发生的时刻 t。表 3-1为圆形巷道 $r_0=4$ m，$p_0(t=0)=q=100$ MPa，泊松比 $\mu=0.1$，$E=2\ 000$ MPa，$\rho=2\ 300$ kg/m^3，$\varphi=18°$，开挖用时 100 s 时，不同岩石抗压强度条件下围岩破裂区的数量及宽度。

表 3-1　破裂区数量及宽度[175]

破裂区数量	$\sigma_c=$ 100 MPa	$\sigma_c=$ 90 MPa			$\sigma_c=$ 80 MPa			$\sigma_c=$ 60 MPa		
		R_0/m	R_1/m	R_1-R_0/m	R_0/m	R_1/m	R_1-R_0/m	R_0/m	R_1/m	R_1-R_0/m
1	无	4.000	4.463	0.463	4.000	4.650	0.646	4.000	4.965	0.965
2		5.753	6.116	0.363	4.800	5.325	0.525	4.983	5.958	0.975
3		7.313	7.313	0	5.704	5.768	0.064	6.401	6.109	0.068
4					0.602	0.602	0	0.652 3	0.652 3	0

注：σ_c 为岩石抗压强度。

由以上分析，硐室围岩岩性、地应力、开挖工艺决定围岩自稳时变结构数量。对于某种岩石，当硐室所处地应力低时，其周边的围岩自稳时变结构数量仅为一个；当硐室所处地应力高时，围岩自稳时变结构数量会超过一个，各自稳时变子结构的岩体厚度也是不一样的。

四、巷道围岩自稳时变结构的特点

深部开采所处的“三高一扰动”复杂环境，使得深部岩体工程响应出现了一系列用传统的连续介质力学理论无法圆满地解释的新的特征科学现象，这些新的特征科学现象却为围岩自稳时变结构的存在和分析能提供比较好的论据，结合现有深部的相关研究，对围岩自稳时变结构的特点进行定性归纳。

1. 开挖硐室周边存在多个围岩自稳结构

在深部岩体中开挖硐室时，硐室围岩中的破裂区和不破裂区会交替出现，称为分区破裂化现象，这有别于浅部硐室围岩由表及里只会由破裂区向弹性不破裂区过渡。从围岩承载能力的角度分析[173]，弹性未破裂区是主要的承载结构，破裂区虽已破坏，但仍有一定强度仍可形成承载结构，因而这两个区都是自稳结构的组成部分，认为以各不破裂区为边界，构成一个自稳结构，如图 3-10 所示。靠近开挖洞室的自稳结构，受开挖影响大，称为围岩自稳时变结构；远离开挖硐室的自稳结构，受开挖影响小，可称为围岩自稳时不变结构。按钱鸣高等[104]的研究，围岩自稳时不变结构承担了硐室上覆岩体大部分的重量。

2. 围岩自稳时变结构形状与硐室形状有关

根据南非的威特沃特斯兰德（Witwatersrand）金矿[174]的巷道顶板以及工作面前方的分区破裂化情况和俄罗斯的马琴科（Маяк）矿山中的分区破裂化情况，可发现围岩自稳时变结构边界，也就是破裂区边界，近似平行于硐室边界，较长的圆形硐室的围岩自稳时变结构的径向截面为圆环形，而硐室轴向截面为长条形。

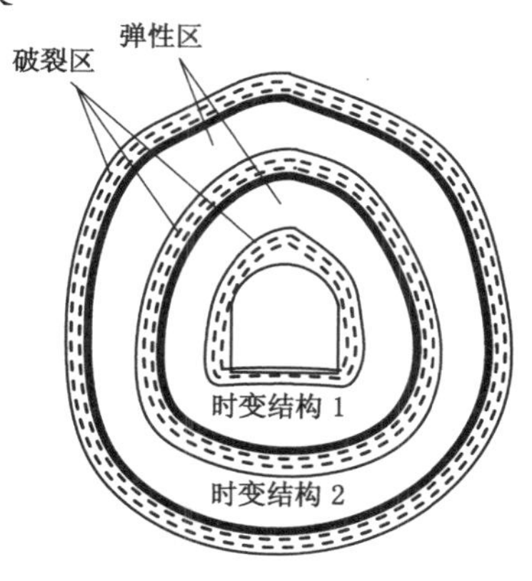

图 3-10　巷道围岩自稳时变结构示意

3. 围岩自稳时变结构的岩石物理力学特性明显

受硐室围岩岩性、地应力、开挖工艺影响，围岩自稳时变结构数量至少有一个，各自稳时变结构的岩体厚度也是不一样。靠近硐室的围岩自稳结构会在时不变状态和时变状态间相互转化。

第五节　围岩自稳时变结构调整诱发岩爆机制

一、围岩自稳时变结构的动力学特征

考虑时变结构的复杂性，为了方便分析围岩自稳时变结构调整时可能诱发岩爆的机制，同时地下围岩空间结构可以简化为平面应变问题，并将围岩自稳时变结构视为单自由度非周期时变体系，选取体系中的典型质点（如体系外形的几何中心、体系在初始时刻的质心）进行分析。

设在时刻 t，质点的质量为 $m(t)$，速度为 $v(t)$，则 t 时刻体系的动量为 $m(t)v(t)$。若体系的质量随时间递减，则在时刻 $t+\mathrm{d}t$ 质量为 $m(t)-|\mathrm{d}m|$，速度为$v+\mathrm{d}v$，而放出的单元质量 $\mathrm{d}m$ 的绝对速度设为 u，则在 $t+\mathrm{d}t$ 时刻体系的动量为 $[m(t)-|\mathrm{d}m|](v+\mathrm{d}v)+u|\mathrm{d}m|$，故由质点系动量定理可得。

$$\{[m(t)-|\mathrm{d}m|](v+\mathrm{d}v)+u|\mathrm{d}m|\}-mv$$
$$=[P(t)-D(t)v(t)-K(t)X(t)]\mathrm{d}t \tag{3-64}$$

式中，$[X(t)]$，$[K(t)]$，$[D(t)]$分别为体系在 t 时刻的位移、刚度、阻尼；$[P(t)]$为体系在 t 时刻所受的外荷载。

略去高阶微量，并注意到 $\mathrm{d}m/\mathrm{d}t$ 为负，则得单自由度时变体系强迫振动的一般方程[153]：

$$m(t)\frac{\mathrm{d}^2X(t)}{\mathrm{d}t^2}+\frac{\mathrm{d}m(t)}{\mathrm{d}t}\left[\frac{\mathrm{d}X(t)}{\mathrm{d}t}-u(t)\right]+D(t)\frac{\mathrm{d}X(t)}{\mathrm{d}t}+K(t)X(t)=P(t) \tag{3-65}$$

当体系的质量随时间增加时，可推得运动方程为上式。

对于自由振动，令 $[P(t)]=0$；同时，在弹脆性场中不计阻尼影响，则令 $[D(t)]=0$。很多情况下，$\frac{\mathrm{d}X(t)}{\mathrm{d}t}$ 是很小的，可令 $u(t)=0$，从而得到：

$$m(t)\frac{\mathrm{d}^2X(t)}{\mathrm{d}t^2}+\frac{\mathrm{d}m(t)}{\mathrm{d}t}\frac{\mathrm{d}X(t)}{\mathrm{d}t}+K(t)X(t)=0 \tag{3-66}$$

与式(3-1)进行比较，式(3-66)中的 $\mathrm{d}m/\mathrm{d}t$ 相当于黏滞阻尼系数。$\mathrm{d}m/\mathrm{d}t$ 有以下两种情形：① 当质量随时间增加时，$\mathrm{d}m/\mathrm{d}t>0$，则此体系相当于具有正阻尼。当 $\mathrm{d}m/\mathrm{d}t$ 很大时，体系不可能发生自由振动；② 当质量随时间递减时，$\mathrm{d}m/\mathrm{d}t<0$，则此体系相当于具有负阻尼，可发生振幅不断增长的自由振动。

二、围岩自稳时变结构诱发岩爆的力学模型

在地下硐室问题中，岩爆的产生与开挖后围岩的动力失稳有关。通过以上分析可知，当时变体系的质量随时间发生变化时，导致体系的动力学响应产生很大影响，当质量随时间递减，会形成动力不稳定系统（系统有负阻尼），也就是 $\mathrm{d}m/\mathrm{d}t<0$ 可能诱发岩爆。因此，通过确定结构体系质量的增减为研究岩爆的发生提供了一种新的思路。对于从地下硐室形成至地表这个范围的岩体来说，不存在质量增减的情况。但靠近开挖硐室会形成若干个自稳时变结构，就围岩自稳形成的这些小结构来说，单个自稳结构体系可能会出现质量增减。因此，$\mathrm{d}m/\mathrm{d}t<0$ 可成为诱发岩爆的条件。岩石的扩容效应使得围岩膨胀，这要求围岩有膨胀空间，或称为体积

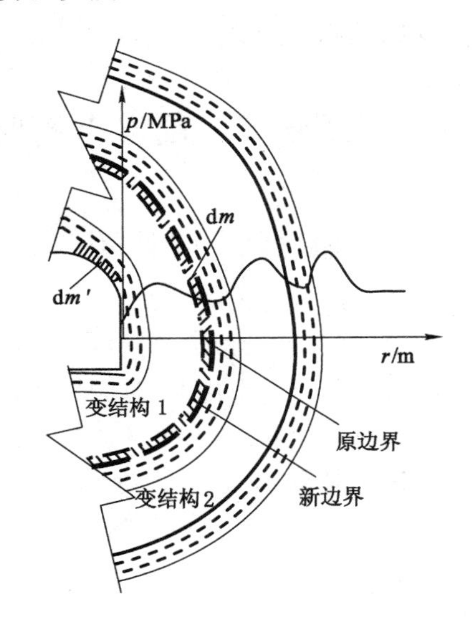

图 3-11　时变结构诱发岩爆的力学模型

补偿空间，如图 3-11 所示。

该力学模型说明，如果忽略微裂隙和节理的影响，补偿空间的位置应该在两个地方：各时变结构的接触边界处和硐室的自由面。这两处的岩体（图 3-11 中的斜线阴影部分）为单轴或双轴状态或所受围压较小，较其他位置的岩体更容易发生破坏，也就是存在使结构体系质量增减的 dm 和 dm' 。临近硐室的自由面岩体 dm' 和时变结构边界的岩体 dm 的破坏程度是不一样的，dm' 岩体在高应力作用下，易局部完全失去承载能力，脱离时变结构 1，使时变结构 1 成为动力不稳定系统，同时围岩应力峰值由自由面向岩体内部跃迁，即图 3-8 中初始状态Ⅱ和中间状态Ⅲ的应力跃迁；dm 岩体虽破坏，但仍有部分承载能力，会脱离时变结构 1 而成为时变结构 2 的一部分，时变结构 2 的承载能力加强，而时变结构 1 成为动力不稳定系统。一旦其质量参数变化迅速或有外部扰动，会伴随剧烈振动，引起岩爆。

三、 关于 dm/dt 的讨论

因为每个自稳结构 $m(t)$ 是由一定破裂区（软化区）和弹性未破裂区的岩体构成的，结构稳定是以这两区域岩体质量保持一定比例为前提的，同时通过确定两区域岩体能否承载来判别自稳结构 $m(t)$ 的增减。在高应力状态下，如果两区域岩体发生破坏或软化，不具备成为主要承载结构的承载能力，从而脱离时变结构 $m(t)$，出现自稳体系质量减少，此时会发生岩爆。因此，需要确定一个合适的指标来衡量岩体承载强度。

在开挖卸荷条件下，硐室围岩从三轴受力向单轴或双轴受力转化，这就涉及岩石的围压试验研究。尤明庆[176]将中粗砂岩、粉砂岩、细粉砂岩、粉砂岩、中粗砂岩、细砂岩、铝土岩 7 种岩石的三轴强度、单轴强度和弹性模量 E 进行了比较，见表 3-2。尽管岩石的种类不同，试验的围压也不同，但弹性模量与强度呈线性关系，这一关系在统计意义上具有一致性。单轴压缩结果更进一步表明，弹性模量的提高源于材料承载能力的提高。

表 3-2　不同岩石的抗压强度 σ_c 与弹性模量 E[176]

岩样		单轴压缩			围压/MPa				
					0	1	5	10	15
中粗砂岩	σ_c/MPa	163	129	179	121	160	182	230	280
	E/MPa	19.8	14	22	13.5	19	22	26.5	31.5
粉砂岩	σ_c/MPa	154	100	80	60	82	106	130	149
	E/MPa	17.4	10	9.7	7.9	8.5	10	15	18.5

表 3-2(续)

岩样	单轴压缩				围压/MPa				
					0	1	5	10	15
细砂岩	σ_c/MPa	30.6	53.6	37.4	30	34	51	98	115
	E/MPa	4.1	6.5	3.9	4.5	4.9	6.5	12.8	14

杨永杰等[177]的研究表明，在围压的作用下，煤岩刚度增大，弹性模量将随之增大，如图 3-12 所示。瓦韦西克(Wawersik)等[178]给出的花岗岩试样三轴压缩全程曲线，在围压高达 153 MPa 的范围内，弹性模量仍随围压增大。赖勇[179]对大理岩和细砂岩的弹性模量与围压的试验也得到同样结论。

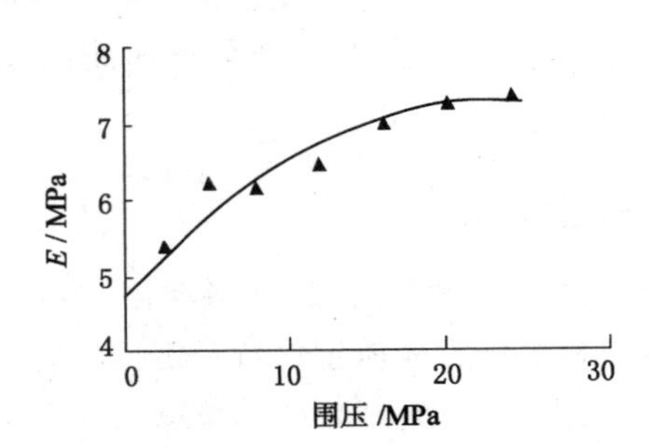

图 3-12　煤样弹性模量与围压的关系[177]

因此可用弹性模量 E 的降低来描述岩(煤)体发生破坏或软化，促使自稳体系质量减少。能使岩(煤)岩弹性模量 E 降低的因素，即引起自稳体系质量减少的因素有很多，如开挖卸荷、岩(煤)体中裂隙、注水的影响等。

根据 $\mathrm{d}m/\mathrm{d}t < 0$ 时围岩系统会发生岩爆，反过来，只要通过增加围岩自稳结构 $m(t)$ 来达到防治岩爆的目的。因此，采用人为措施降低局部围岩体的承载强度，但只要能够增加其相应软化区自稳结构的范围(即结构质量增加)，这也能成为防治岩爆的思路。

潘一山等[180]提出临界软化区深度的概念，对于圆形巷道的临界软化区深度为

$$R = a\sqrt{1 + \frac{E}{E_{\lambda}}} \tag{3-67}$$

式中，E 是煤峰值强度前线弹性模量；E_{λ} 是煤峰值强度后线性降模量；a 为圆形巷道半径。

当 E/E_{λ} 增大时，煤的脆性弱，塑性变形增大，对应的临界软化区深度更深，深部开采岩爆危害不大。此时相当于发挥了自稳时变结构的软化区岩体的承载

能力。另外，煤岩层注水和卸压爆破等防治岩爆的措施，从自稳时变结构的角度来看，是增加软化区岩体的质量，使得 $\mathrm{d}m/\mathrm{d}t > 0$ 从而达到防治岩爆的目的。

四、基于自稳时变结构的岩爆时变判据

1. 岩爆时变判据

根据前面的分析，由时变力学模型可得出岩爆发生的条件：

（1）考虑到开挖硐室形成的二次应力场分布中切向应力 σ_θ 加载，故认为围岩承受的切向应力 σ_θ 应使岩石产生扩容，即：

$$\sigma_\theta > \sigma_{扩容}$$

式中，$\sigma_{扩容}$ 为岩石开始出现扩容时的应力，需通过岩样试验确定。

（2）围岩自稳时变结构质量减少，即 $\dfrac{\mathrm{d}m(t)}{\mathrm{d}t}<0$。

条件（1）是岩爆发生的充分条件，条件（2）是岩爆发生的必要条件。条件（2）还可以判别岩爆发生的强度，这取决于岩体的脆性和施工工艺，如脆性强的岩体或爆破掘进时，其质量参数变化迅速，产生的负阻尼大，岩爆更强烈。两个条件说明，岩爆的动力源可来自于围岩自身的受力状况和岩性，在不需要外力干扰的情况下也会发生岩爆。

围岩时变结构诱发岩爆力学条件可以很好地解释许多岩爆现象。岩爆发生并不仅仅是深部条件才会遇到的问题，张志强[45]比较国内外 20 多个岩爆隧道实例发现，岩爆在 700 m 以上埋深的情况发生居多，200 m 左右也有发生岩爆的实例，这说明，因围岩自稳时变结构的影响，更重要的是取决于其岩体所处的应力状态，故应重视地应力测试。一般情况下，只有硬质岩石才可能发生岩爆，排除各洞段所处的地应力水平及地质等外部原因，$\mathrm{d}m/\mathrm{d}t$（取决于岩石的脆性）也同样对岩爆有着重要的影响，例如煤的强度并不高，却经常可以发生煤爆，究其原因，主要是其脆性较大决定的，即其自稳时变结构质量参数变化迅速。雪峰山隧道岩石硬度虽然很大，但由于其年代较老，经历了多次构造运动，韧性剪切特征明显，故其脆性相对稍弱，致使其发生岩爆的可能性降低[181]。另外，岩爆的发生具有滞后性[86]，即硐室开挖后经过一段时间发生岩爆，这不仅是围岩时变结构承载能力的体现，同时也是围岩时变结构调整诱发岩爆例证。

2. 基于时变判据的 $\sigma_\theta/\sigma_c < 0.5$ 的岩爆分析

基于 σ_θ/σ_c 的卢森（Russeenes）岩爆判别准则被广泛地应用于岩爆预测，即 $\sigma_\theta/\sigma_c < 0.20$ 时无岩爆，$0.20 \leqslant \sigma_\theta/\sigma_c < 0.30$ 时发生弱岩爆，$0.30 \leqslant \sigma_\theta/\sigma_c < 0.55$ 时为中等岩爆，$\sigma_\theta/\sigma_c \geqslant 0.55$ 时才发生强岩爆。但大多数岩爆都是在 σ_θ/σ_c 小于 0.5，甚至远小于 0.5 的情况下发生的[165,182-184]，这是岩爆研究中的一个至

关重要的实录特征。

徐则民[133]根据秦岭特长隧道和太平驿引水隧洞的实测地应力资料计算了二者的围岩切向应力 σ_θ，计算表明，两条隧道的 σ_θ/σ_c 仅为 0.2～0.3，但两个隧道却都有强烈岩爆发生。太平驿电站引水隧洞施工中考虑偏压条件下计算的围岩最大切应力为 83.2 MPa，远小于围岩 σ_c（190～200 MPa），但施工期间依然发生了普遍而强烈的岩爆[185]。表 3-3[186-188]给出了发生岩爆工程的 σ_θ/σ_c 值，由于这些数据基本都是来自工程实践，除了方案本身的普适性外，数据本身应该是可靠的。

表 3-3 国内外发生岩爆的工程

工程名称	岩性	σ_θ/σ_c	发生岩爆情况
瀑布沟水电站地下硐室	闪长花岗岩	0.360	轻微岩爆
太平驿水电站引水隧洞	花岗闪长岩	0.38	轻微岩爆
二滩水电站 2# 支洞	正长岩	0.41	轻微岩爆
瑞典的维达斯（Vietas）水电站引水隧洞	变质花岗岩、石英岩	0.440	轻微岩爆
日本的关越隧道	石英闪长岩	0.377	中等岩爆
挪威的赫古拉（Heggura）公路隧道	花岗片麻岩	0.357	中等岩爆
挪威的舍维吉（Sewage）隧道	花岗岩	0.420	中等岩爆
苏联的拉斯武姆霍尔（Rasvumchorr）矿井巷	磷霞石	0.317	中等岩爆
挪威的西玛（Sima）水电站地下厂房	花岗岩	0.270	中等岩爆
锦屏二级水电站引水隧洞	大理岩	0.82	中等岩爆
天生桥二级水电站引水隧洞	白云质灰岩	0.30	中等岩爆或强烈岩爆

表 3-3 中说明，大多数岩爆尤其是中等岩爆都是在 σ_θ 低于甚至远低于 σ_c 的情况下发生的；尽管隧道开挖诱发的应力重新分布可以使开挖轮廓面附近的 σ_θ 有所增大，但根据莫尔-库仑强度准则，增大的幅度还不足以将围岩压爆。已有的关于岩爆的岩石力学试验，为研究不同静应力状态下围岩破坏的力学机制提供了重要依据，但还不足以说明已经在室内再现了岩爆现象。因此，徐则民和黄润秋等[133]认为，岩爆存在静力压破坏之外的其他诱发机制。

按照前述时变判据，围岩承受的切向应力 σ_θ 应使岩石产生扩容是岩爆发生的充分条件，岩石力学试验表明使岩石产生扩容的应力约为其抗压强度 σ_c 的 1/3～1/2，隧道开挖后的应力重新分布很容易满足岩体扩容的条件，即 σ_θ/σ_c 小于 0.5。因此，一旦围岩自稳时变结构质量减少，即 $dm/dt<0$ 时，则可能发生岩爆，此时要考虑围岩自稳时变结构的影响。

本章小结

本章回顾了时变结构力学的历史与发展，总结了岩爆发生与时间和空间因素的关系，岩爆问题具有时变结构力学的结构内部参数随时间变异的特点，提出了“围岩自稳时变结构”的概念，将时变结构动力学理论应用于岩爆发生机制的研究。主要研究结论有以下几点。

(1) 岩爆发生的时间效应使岩爆灾害具有一定的隐蔽性和破坏性，这无疑增大了对岩爆预测、预报及防治的难度。研究岩爆发生机制时，须考虑时间因素的影响，涉及岩爆时间效应的研究是复杂的，需要不断引入新的认识论和方法论。

(2) 提出了“围岩自稳时变结构”的概念，开挖硐室的围岩存在具有承载能力的自稳结构，自稳结构在一定条件下伴随结构内部参数(包括几何形状、物理特性、边界状态等)的改变，具有时变性；定性分析了靠近开挖硐室的围岩自稳时变结构的特点。

(3) 采用双线性本构模型，分析了双向等压圆形巷道的弹塑性时变解析解，表明不同塑性区边界移动速率，使得塑性区内岩体径向位移是不同的，塑性区边界移动越快，相同时刻的岩体位移越大，因此硬岩巷道围岩塑性区边界的快速移动，易诱发岩块高速弹射的岩爆现象。

(4) 将围岩自稳时变结构简化为平面应变问题，视为单自由度非周期时变体系，应用质点系动量定理，分析了围岩自稳时变结构的动力学特征。结果表明，围岩自稳时变结构的质量随时间发生变化时，系统会出现负阻尼的情况，形成动力不稳定系统。

(5) 建立了围岩自稳时变结构诱发岩爆的力学模型，由力学模型可得出岩爆发生的两个条件：$\sigma_\theta > \sigma_{扩容}$ 是岩爆发生的充分条件，$\mathrm{d}m/\mathrm{d}t < 0$ 是岩爆发生的必要条件。这两个条件构成岩爆的时变判据，从一个新角度阐释了岩爆动力源可来自于围岩自身的受力状况和岩性。

(6) 大多数岩爆都是在 σ_θ 低于甚至远低于 σ_c 的情况下发生的，存在静载破坏之外的其他诱发机制，以时变判据能较好地解释这一现象。

(7) 由于时变结构力学理论是近些年才逐步发展起来的新理论，本书将其应用于岩爆发生机理研究还仅是探索性的尝试，判别岩爆的条件还需要进一步试验总结和修正，希望能促进相关问题的深入研究。

第四章　基于三维地应力测量的巷道岩爆预测研究

第一节　引　　言

岩爆的预测预报是岩爆防治工作的重要组成内容，它对及时采取巷道区域性和局部解危措施、避免岩爆危害是十分重要的。岩爆的预测预报在硐室开挖设计阶段，不仅对硐室的开挖顺序、开挖工艺及支护结构参数等的设计起着指导作用，也是矿山安全监测系统设计的重要依据。岩爆的预测预报主要是确定可能发生岩爆的时间、地点、规模大小和危险程度。目前，国内外岩爆预测的方法大致可分为理论分析预测法和现场实测法两类[189]，这主要是从岩爆发生的的内在因素和外部条件来展开的。理论分析预测法是基于岩爆的内在因素——岩体自身力学性质，对需要研究的岩爆岩体现场采样，利用已建立的各种岩爆倾向性判据并结合数理统计方法来预测岩爆；现场实测法是基于岩爆的外部条件——岩体工程环境，需借助一些必要的仪器对岩爆现场的岩体直接进行监测或测试，如声发射法（acoustic emission，AE）、微震法（microseismic，MS）、电磁辐射法和钻屑法等，本章的研究侧重于后者。声发射法是对岩爆孕育过程最直接的监测和预报方法，彭琦等[189]提出了用于声发射率预测的小波神经网络方法，根据现场岩爆监测中 AE 时间序列的特点，建立了基于 AE 时间序列的岩爆突变预测模型。理论上微震属于声发射的一种，但微震的振幅大且频率低，监测范围更广，更适宜现场应用。目前，国内正在使用的代表性的微震监测系统包括：如非煤矿山主要是采用加拿大 ESG 系统、南非 IMS 系统[190-191]，煤矿主要是波兰 SOS 系统、波兰 EMAG 系统、加拿大 ESG 系统、中国安科兴业 BSM 系统、等。比依克（Bewick）等[95]认为，应将地质、微震和数值模拟结果综合应用进行预测岩爆。

近年来，地应力测量与研究越来越受到岩石力学与工程科学界的重视，在诸多影响岩爆发生的因素中，地应力状态是最重要最根本的因素之一。只有合理掌握巷道岩爆区域的地应力条件，才能合理确定巷道的断面形状和尺寸，选择合适的巷道轴线布置方向；同时，岩爆预测的经典方法，如卢森(Russense)判据和二郎山公路隧道判据等，都是依赖于硐室所处的地应力情况。可以说，地应力测量结果是实现深部硐室开挖设计和决策科学化的前提[192]。

本章以马路坪矿矿岩和开采条件为具体对象，在其三维地应力测量的基础上，通过现场调查和数值模拟分析，开展了多层岩性、空间巷道、倾斜层理等特殊因素影响下的岩爆倾向性预测研究，为该矿山巷道岩爆控制优化设计提供依据，同时对深部巷道设计和施工阶段的岩爆预测也有借鉴意义。

第二节　基于地应力测量的岩爆预测研究现状

一、地应力测量的分类

世界第一次地应力实测是美国于 1932 年对胡佛大坝的泄水隧道表面应力的解除法测量[193]。布朗(Brown) 和霍克(Hoek)统计了全球实测地应力随埋深的分布规律[194]。地应力现场测量的目的是了解岩体中存在的应力大小和方向，是预报岩体失稳破坏以及预报岩爆的有力工具。地应力测量可以分为岩体原岩应力(in-situ stress)测量和硐室围岩二次应力测量。前者是为了测定岩体初始地应力场，后者则是为了测定硐室开挖后引起的应力重分布状况，从现场测量技术的角度，二者的测量过程并无本质区别[195]。

20 世纪 60 年代中期之前，地应力测量基本处于平面应力测量水平，即通过单孔确定某点特定剖面上的应力状态，地应力测试技术一直停留在岩体表面应力测量上，如前述首次哈佛大坝地应力测量就是采用这种方法。表面应力测量方法分为表面应力恢复法和表面应力解除法两种。表面扁千斤顶法是典型的表面应力恢复法，所开挖的扁槽只能确定测点处垂直于扁千斤顶方向的应力分量，因其测量的是一种受开挖扰动的次生应力场，同时基于完全线弹性的假设，故所测量得出的原岩应力状态往往不准确，甚至是完全错误的；而中心钻孔法为表面应力解除法的代表，也只能测量岩体表面的一维或二维应力状态。

20 世纪 60 年代中期之后，随着岩石力学、数值分析、测试技术等学科的诞生，各种测量理论和地应力测量仪器得到了创新和发展，出现了三维地应力测量技术，即通过单孔测量某点的三维应力状态。通常情况下，从硐室表面向深部围岩钻小孔至原岩应力区，由于小孔对原岩应力状态的扰动是可以忽略不计的，从而克服了岩体表面应力测量方法的缺点，保证了应力测量能反映原岩应力状态，应力解除法和水压致裂法均属此类方法。对于深部岩体的地应力测量，一般采用水力压裂法。

目前，对地应力测量的分类尚无统一标准，根据测量手段可分为构造法、形变法、电磁法、地震法、放射性法5类；根据测量过程可分为应变恢复法、应变解除法、水压致裂法等20多种。根据国内外普遍的观点，依据测量基本原理可分为直接测量法和间接测量法两大类。直接测量法主要包括扁千斤顶法、水压致裂法、刚性包体应力计法和声发射法等，由测量仪器直接测量诸如补偿应力、恢复应力、平衡应力等应力量，再根据这些应力量和原岩应力的相互关系进行换算，从而确定原岩应力值。间接测量法主要包括套孔应力解除法、局部应力解除法、松弛应变测量法和地球物理探测法等，需要借助传感元件或介质测量岩体中与应力有关的间接物理量的变化，如岩体弹性应变、磁化率、岩石电阻率、射线衰减强度、弹性波传播速度等的变化，然后由这些测得的间接物理量，通过已知的公式计算岩体中的应力值。可见，间接测量法必须首先确定岩体的特定物理力学性质以及所测物理量和应力的相互关系，套孔应力解除法是目前国内外最普遍采用的、发展较为成熟的一种地应力测量方法。

二、基于地应力测量的岩爆预测研究现状

地应力的大小和方向不可能通过数学计算或模型分析的方法获得，要了解某地区的地应力状态，唯一的方法是进行地应力测量[160]。目前，基于地应力现场实测展开的岩爆预测研究，具体步骤如下：

(1) 采用某种地应力测量方法，获取测试区段地应力大小及分布规律。

(2) 根据已知地质地形勘测试验资料，借助有限元软件(如FLAC、ANSYS等)或统计分析软件，建立计算模型，将计算获得应力值与实测地应力值比较分析，反演出该区段的初始地应力场，结合与地应力有关的岩爆判据进行岩爆预测，可用于设计阶段的岩爆预测。

(3) 根据反演出的初始地应力场，通过有限元软件数值模拟出岩体开挖后引起的应力重分布状况，结合与地应力有关的岩爆判据进行岩爆预测，可用于施工阶段的岩爆预测。

目前，国内外模拟反演初始地应力场的方法主要可分为两类：一是位移反分析方法，即结合现场开挖引起的实测位移，反演小范围的岩体初始地应力，这是一种间接方法，当计算域内缺乏地应力实测资料或实测地应力是扰动地应力时较为可行[196]；二是应力回归分析方法，即结合对区域地应力场分布条件的规律性认识，建立该区域地应力场的三维地质概化模型，根据工程区域少数地应力实测资料进行回归，当实测应力场与三维地质概化模型应力场达到最优拟合时即可求得工程区域初始地应力场[197-198]。

采用地应力测试方法进行相关岩爆预测的研究主要包括：

马秀敏[199]对襄渝铁路增建二线—新白岩寨隧道(最大埋深近 500 m)工程区进行了水压致裂法地应力测量,得到工程区岩石的抗压强度 R_c 与拟挖隧道截面内所测得的最大主应力 σ_h 的比值 $R_c/\sigma_h = 5.05 \sim 7.81$,根据《工程岩体分级标准》(GB 50218—2014)可知,初始应力场评估值 R_c/σ_h 在 4～7 范围内的应力场属高应力区,确定该隧道区大部分属于高地应力区。为此,隧道开挖过程中可能出现岩爆,洞壁岩体有剥离掉块现象。尹健民等[200]采用类似方法对重庆市城口—黔江公路南山隧道进行岩爆预测。

汪波等[201]对浙江省台金高速公路苍岭隧道(最大埋深 768 m)工程区进行了水压致裂法地应力测量,利用有限元计算分析,采用卢森判据,模拟现场实际施工步骤的同时不断改变模型边界上的构造应力来拟合实际岩爆区,利用修正后的地应力场对后续未开挖段的岩爆状况进行重新预测。

曾纪全等[202]对广渝高速公路华蓥山隧道进行了水压致裂法地应力测量,结合地应力测量成果,从岩石强度理论分析;根据围岩应力组合情况,在不同的围岩应力条件下,利用岩爆发生的临界应力进行岩爆预测。

康勇等[203]采用岩石声发射凯泽(Kaiser)效应法对笔架山隧道(最大埋深 369 m)岩体初始地应力场进行了测试,采用岩石强度(σ_c)和最大主应力(σ_{max})两个指标,结合 2D-σ 有限元数值模拟,从而进行岩爆预测。

赵自强等[204]采用岩石声发射凯泽效应法和水压致裂法对南水北调西线工程的引水隧洞(最大埋深 1 110 m)岩体初始地应力场进行了测试,采用卢森判据进行岩爆预测。

另外,因为岩爆问题的复杂性,综合多种因素考虑的数理统计方法在岩爆预测中得到了很好应用,如宫凤强等[96]的距离判别方法,祝云华等[98]的 υ-SVR 方法,在各种统计分析方法中主要的岩爆指标有基迪宾斯基(Kidybinski)的弹性变形能指数 W_{ET},卢森判据 σ_θ/σ_c 和王元汉提出的脆性指数 σ_c/σ_t[96,98]。W_{ET}、单轴抗压强度 σ_c 和单轴抗拉强度 σ_t 是岩爆产生的内因,可直接由岩石力学试验确定,在实验室中很容易获得,只要确定了岩石对象,其值不变。σ_θ 是岩爆产生的外因,受开采深度、构造应力等因素的影响,是动态指标,因此应由硐室围岩所处的初始地应力来确定,也就是说,σ_θ 的可靠性取决于上述地应力测量结果的准确性。

综合上述,现有岩爆预测的地应力测量方法主要是水压致裂法,但水力压裂法的理论基础是地壳应力张量的一个主方向必须与钻孔轴向一致,并且对于主应力量值的确定主要依赖于对压裂试验曲线上关键点的准确识别,这在一定程度上不可避免地会影响测量结果的可靠性。套芯应力解除法可以在不做任何假定的条件下在单一钻孔中确定测点的全应力张量,这是它区别于水力压裂法的一个明显优点[205]。

地应力场是受多种因素相互作用影响的复杂系统，还存在需完善和改进的地方。本章根据贵州开阳磷业集团马路坪矿的套芯应力解除法地应力现场测试成果和该矿多层岩体赋存的特点，结合数值模拟，探讨了马路坪矿岩爆预测中多层岩性、空间巷道、倾斜层理等特殊因素及其地应力测量成果对 σ_θ 值计算的影响。

第三节　马路坪矿深部巷道岩爆破坏情况

一、马路坪矿基本概况

开磷集团矿业总公司位于贵州省贵阳市，是我国化工和优质磷肥生产的重要基地，已探明的磷矿石储量达 4.13 亿 t，磷矿石年生产能力达 450 万 t 以上，对我国磷肥工业的发展有着举足轻重的作用。该公司从 20 世纪 60 年代建矿以来，已经开采了近半个世纪。随着矿山浅部矿床开采完毕，公司下属 6 个矿山中已有多个矿山开拓采准进入＋600～＋800 m 水平，距地表深度达 500～600 m，其中以马路坪矿开采深度最深，最大埋深接近 600 m。马路坪矿高应力地段岩爆征兆明显，出现顶板及两帮片剥开裂、岩块弹射并伴有巨大声响等破坏特征。随着开采深度的进一步增加，岩爆问题已对马路坪矿的正常安全开采带来严重影响。本章主要围绕马路坪矿地应力测量与岩爆预测分析展开讨论。

马路坪矿位于贵州开阳磷矿洋水矿区，距开阳县城 3 km，行政区划属开阳县金中镇管理。该矿延深开采工程是国家重点项目，年生产能力 100 万 t，马路坪矿段位于洋水背斜东翼，为一单斜构造，F_{41} 走向逆断层对下磷矿层的切割形成上、下两盘矿。上盘矿因受 F_{41} 断层面起伏的影响，地表断续出露，矿层走向、倾角、厚度、品位均较大；下盘矿顶、底板围岩除直接顶板围岩性较复杂，稳定性差外，一般均较稳定。马路坪矿＋800 m 水平中段以上已回采完毕，＋750 m 水平中段下盘矿开拓运输系统已经全部形成，主斜坡道已经施工到＋580 m 水平，＋700 m 水平中段运输平巷基本完成，如图 4-1 所示。

二、马路坪矿红页岩巷道岩爆调查

马路坪矿经过几十年的生产历程，开采向纵深发展，地应力随开采深度逐渐增大，高应力地段的巷道出现了严重的变形和破坏，＋700 m 水平以下施工巷道不同程度的出现了带有爆裂声响的岩体开裂、岩片或岩块弹出或剥落的岩爆现象。为确保施工顺利进行，首先对＋700 m 水平以下的红页岩中段巷道岩爆发

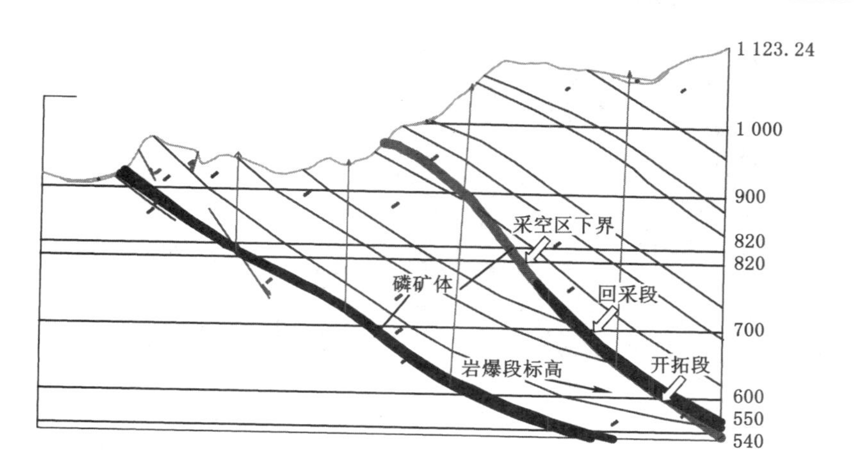

图 4-1 马路坪矿矿体赋存情况

生的现场情况、特征、规律进行了详细的观测记录和统计分析。

(1) ＋700 m 水平中段北大巷

该巷采用钢筋砂浆锚杆(长 1.5 m)、喷浆挂网支护,锚杆排距 1.0 m,间距 0.8～1.0 m,6# 钢筋金属网尺寸为 2 m×2 m,喷射厚度 120 mm。其破坏形式:① 拱脚延向底板的深裂缝开裂破坏,沿横截面方向;② 部分地段右帮底部破坏,深达 1.8 m;③ 钢筋网出现小弯曲,如图 4-2 所示。

(a) 拱脚深裂缝

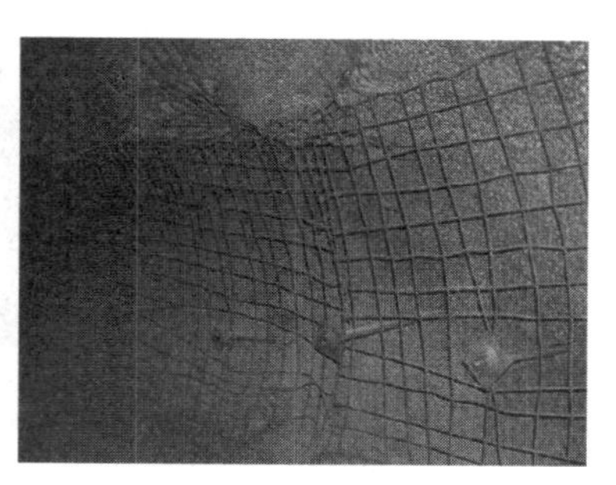

(b) 右帮底部破坏

图 4-2 马路坪矿＋700 m 水平中段大巷情况

(2) ＋640 m 水平中段北大巷

该巷采用钢筋砂浆锚杆(长 2 m)、喷浆挂网支护,其他支护参数与＋700 m 水平中段大巷相同。其破坏形式为:① 拱顶中部和拱脚开裂破坏形成小裂缝,裂缝扩展沿横截面方向;② 拱顶中部喷射混凝土片状剥落,如图 4-3 所示。

(a) 拱顶裂缝

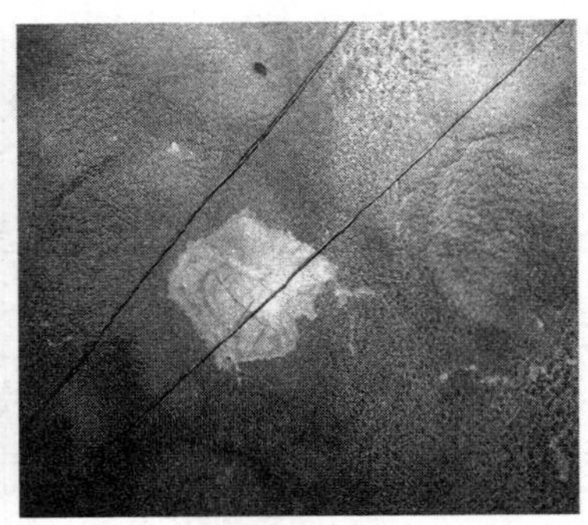
(b) 拱顶片状剥落

图 4-3　马路坪矿+640 水平中段北大巷情况

(3) +640 m 水平中段南大巷

该巷支护参数与+640 m 中段水平北大巷相同。其破坏形式为：① 拱顶开裂破坏，裂缝扩展沿横截面方向；② 帮腰喷射混凝土呈板状层裂破坏；③ 拱脚沿横截面方向出现深裂缝；④ 掘进头右帮红页岩弹射，弹射岩块约 0.5 m 长，十几分钟后，有雷鸣声，如图 4-4 所示。

图 4-4　马路坪矿+640 m 水平中段南大巷板状层裂破坏

(4) +580 m 水平交岔点

该巷道先采用小断面掘进，扩刷到设计断面时，右帮红页岩弹射，弹射岩块长约 0.5 m，先有闷雷声。岩爆位置如图 4-5 所示。

通过以上各中段大巷的破坏特征，可得出三心拱红页岩巷道岩爆破坏的规律：① 岩爆破坏的位置，主要集中在拱顶、拱脚和右帮的底部；② 岩爆破坏程度随开采深度增加而更为剧烈，以右帮底部最为严重，发生大块岩石弹射并伴有闷雷声，表现为中等岩爆；拱顶、拱脚和帮的连接部位为片状剥落，表现为轻微岩爆，如图 4-6 所示。

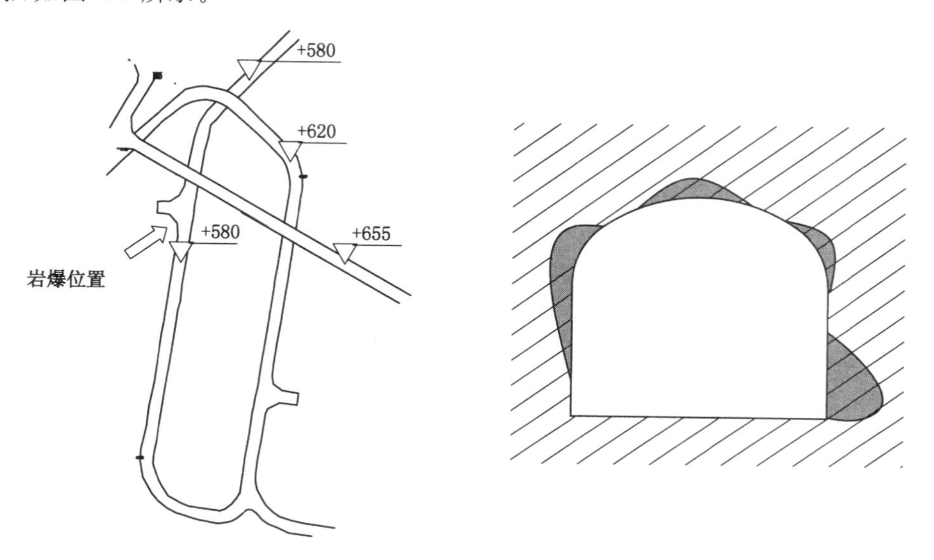

图 4-5　＋580 m 水平交岔点岩爆位置　　图 4-6　马路坪矿三心拱红页岩巷道岩爆特征

第四节　马路坪矿套孔应力解除法三维地应力测量

一、套孔应力解除法原理与主要测量设备

套孔应力解除法经过几十年的发展，已成为适用性最强和可靠性最高的地应力测量方法，对岩体中某点进行应力量测时已形成标准化的测量程序。首先向该点钻进孔深度为巷道跨度 3～5 倍的大孔，以保证应力计布置在原岩应力区，在大孔底打同心超前安装小孔，在此小钻孔中埋设应力计；然后再通过钻取一段同心的大孔岩芯而使应力解除，在套芯过程中，每隔 2 cm 读数一次，直至读数不随套芯进尺变化为止；最后根据稳定读数可计算应变及岩石弹性常数，进一步可求得该点的最大、中间和最小主应力值。该岩体应力测定方法的主要工作步骤如图 4-7[195]所示。

马路坪矿三维地应力测量设备为德国生产的 UPM40 岩石三轴应变地应力测定仪，如图 4-8 所示。其 LUT 三轴应变计探头装有 3 个应变片活塞，每个活塞表面粘贴由 4 个应变片组成的应变花，故一次能测出 12 个应变值，如图 4-9 所示。

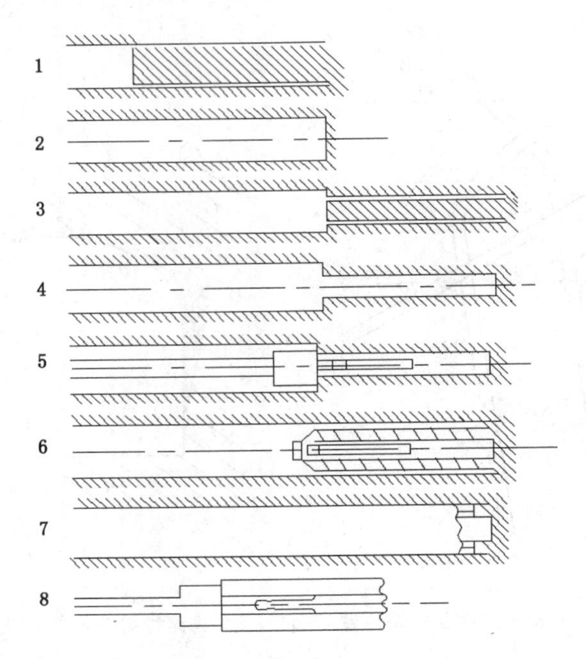

1—套钻大孔；2—取岩心并孔底磨平；3—套钻小孔；4—取小孔岩心；
5—粘贴元件测初读数；6—应力解除；7—取岩芯；8—测终读数。

图 4-7 钻孔套孔应力解除的主要工作步骤

套芯钻孔要求振动小，钻进平稳，本次测量的钻孔设备是 XY-200 型液压钻机，如图 4-10 所示。钻机配套的大孔环形钻头外径 91 mm，内径 68 mm，扩孔器外径 91.5 mm，大孔孔底磨平钻头直径 91 mm；小孔钻头外径 37.5 mm，内径 24 mm，扩孔器外径 38 mm，如图 4-11 所示。

二、三维地应力测量结果与分析

利用美国科罗拉多矿山大学威廉·赫斯特鲁德(William Hustruld)教授编写的岩体应力专用计算程序——LUT-str 程序进行地应力数据整理计算，进行三次迭代计算，能准确求出各测点岩体地应力的 6 个分量、主应力大小及其方位角和倾角等参数。图 4-12 为 LUT-str 程序的启动界面。

地应力计算通常有两种计算方法：一是用每段岩芯解除应变进行地应力计算；二是对同一测孔的不同测段的同方向应变求平均值，以平均值作为该测点的最终解除应变，然后再进行计算。本章将两种计算方法综合起来，即先采用第一种方法对每一测段进行计算，然后再利用第二种方法验算该测点的地应力，获得开阳磷矿各测点的地应力 6 个分量值，见表 4-1。表 4-2 由各测点计算出最大水

图 4-8　UPM40 岩石三轴地应力测定仪

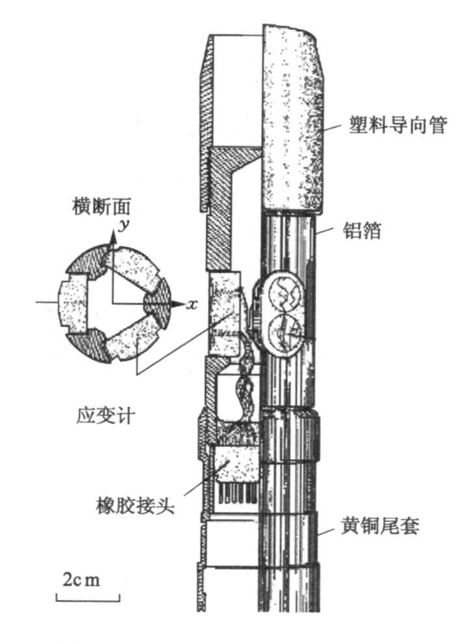

图 4-9　LUT 三轴应变计探头剖面

图 4-10　XY-200 型坑道钻机

图 4-11　大、小孔金刚石钻头及磨平钻具

平应力和最小水平应力与垂直应力的比值。

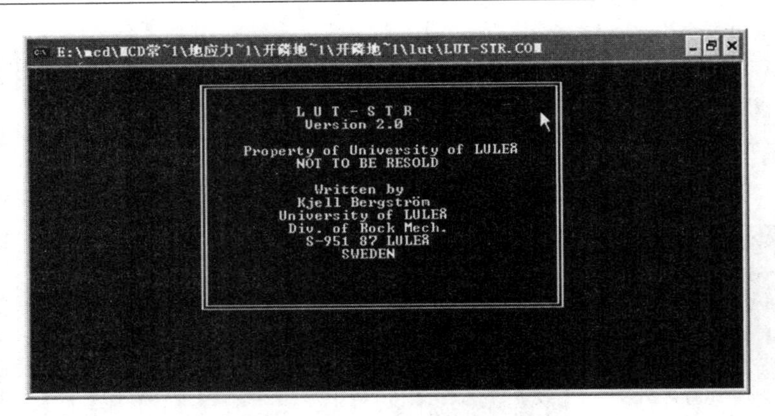

图 4-12 LUT-str 计算专用程序界面

表 4-1 套孔解除法各测点地应力

测点编号	σ_x / MPa	σ_y / MPa	σ_z / MPa	τ_{xy} / MPa	τ_{yz} / MPa	τ_{zx} / MPa
700-1#	26.090	13.252	4.285	10.178	−2.090	−9.273
750-2#	6.614	1.812	4.957	−3.354	4.096	1.701
750-3#	4.852	6.910	−0.511	−2.843	1.854	1.665
600-4#	7.818	7.572	1.826	4.860	5.678	5.961
1120-5#	2.535	5.974	1.96	−5.863	2.387	−3.462
1070-6#	7.449	6.096	1.576	−6.703	0.927	−4.456
900-7#	2.977	5.000	4.441	−1.318	0.252	−1.066
700-8#	17.208	16.080	10.570	4.047	−6.657	−3.860
700-9#	21.563	10.466	24.541	9.395	−6.537	4.341

由表 4-2 可知，由于开磷矿区内的地质构造比较复杂，引起其水平应力分量在不同方向上存在差异。最大水平地应力是最小水平地应力的 1.07～2.36 倍，水平最大应力与垂直地应力之比为 2.61，最小水平应力与垂直地应力之比最小为 0.79～0.96。总体来看，该矿区以水平构造应力为主，这与我国大陆区域地压分布规律相一致。

表 4-2 开阳磷矿水平应力与垂直应力比值变化情况

测点编号	σ_x	σ_y	σ_z	$\sigma_{h,max}/\sigma_{h,min}$	$\sigma_{h,max}/\sigma_z$	$\sigma_{h,min}/\sigma_z$
700-1#	26.090	13.252	4.285	1.97	6.09	3.09
750-2#	6.614	1.812	4.957	1.36	1.33	0.37

表 4-2(续)

测点编号	σ_x	σ_y	σ_z	$\sigma_{h,max}/\sigma_{h,min}$	$\sigma_{h,max}/\sigma_z$	$\sigma_{h,min}/\sigma_z$
750-3#	4.852	6.910	0.511	1.53	13.52	9.50
600-4#	7.818	7.572	1.826	1.02	4.28	7.60
1120-5#	2.535	5.974	1.96	2.36	3.05	1.29
1070-6#	7.449	6.096	1.576	1.22	4.73	3.85
900-7#	2.977	5.000	4.441	1.68	1. 13	0.67
700-8#	17.208	16.080	10.570	1.07	1.63	1.52
700-9#	21.563	10.466	24.541	2.06	0.88	0.43

考虑到后期数值模拟时应力边界条件的确定，采用最小二乘法对所测点的最大水平主应力、最小水平主应力和垂直主应力值进行线性回归，得出最大水平主应力、最小水平主应力和垂直主应力值随埋深变化的回归特性方程：

$$\begin{cases}\sigma_{h,max} = 2.76 + 0.028H \\ \sigma_{h,mix} = 2.76 + 0.028H \\ \sigma_z = 0.74 + 0.014H\end{cases} \tag{4-1}$$

式中，H 为埋深，m。

第五节　马路坪矿巷道岩爆预测的 σ_θ 问题及对策

一、与 σ_θ 有关的岩爆判据

国内外学者提出多种与地应力有关的岩爆判据进行岩爆预测预报，主要采用硐室边缘的最大切向应力 σ_θ 表示[9]。表 4-3 为与 σ_θ 有关的岩爆判据。由这些代表性的判据可看出，发生岩爆时，切向应力 σ_θ 必须大于岩石单轴抗压强度 σ_c 的某一百分数，故获得真实合理的 σ_θ 是正确评价岩爆倾向性的基础。

表 4-3　与 σ_θ 有关的岩爆判据

岩爆判据	分式	岩爆等级			
		无岩爆	弱岩爆	中等岩爆	强岩爆
卢森判据	σ_θ/σ_c	<0.20	0.20～0.30	0.30～0.55	>0.55
二郎山隧道判据	σ_θ/σ_c	<0.30	0.30～0.50	0.50～0.70	>0.70
Hoek 方法	σ_θ/σ_c	0.34	0.42	0.56	>0.70
Turchaninov 方法	$\frac{\sigma_\theta+\sigma_L}{\sigma_c}$	<0.30	0.30～0.50	0.50～0.80	>0.80

二、马路坪矿巷道岩爆预测的特殊性

开磷集团马路矿岩爆预测时，基于岩爆内因的判别指标很容易由实验室获得，如 σ_c、σ_t、W_{ET}、岩石脆性指数等。但在确定 σ_θ 时，存在一系列特殊问题。

1. 多层岩性赋存状态的影响

磷矿石的顶板为白云岩，底板依次为砂岩、红页岩，岩层倾角 35°左右，如图 4-13 所示。地应力测量表明这种多岩性的赋存状态会造成地应力场的分布不规律，由表 4-1 可以看出，布置在＋600 m 水平中段红页岩的 600-4#，其所测得垂直应力比布置在＋750 水平中段砂岩的 750-4# 所测值要小近 3 倍。常见的地应力场模拟方法有边界荷载法、边界位移调整法等，即将测得的地应力值反演得出巷道区域内的初始应力场，然后通过数值分析得巷道洞周应力值[205-206]。但无论以何种形式反演或拟合初始应力场都存在局限性，要么把地下岩体视为均质的单一岩性，要么未考虑围岩的赋存情况。

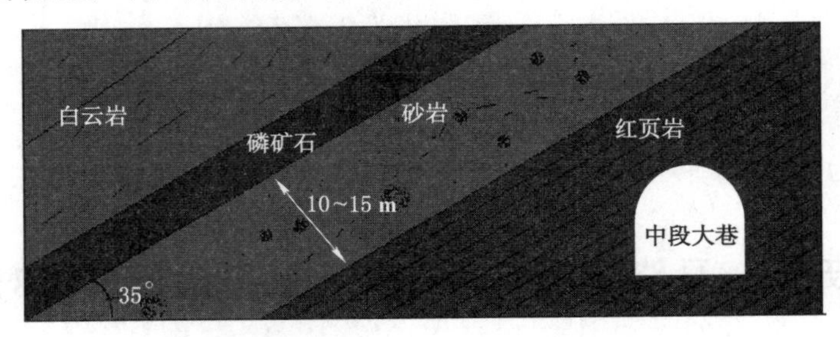

图 4-13　马路坪矿山矿岩赋存及中段巷道布置

2. 倾斜巷道空间性的影响

受磷矿石赋存影响，各中段开拓巷道与采准巷道的轴线方向主要为北东方向，如图 4-14 所示，此时其各巷道的开挖与支护只能被动适应初始地应力。在岩爆预测方面，现有文献主要是假定所研究的巷道是水平的，然后依据实测水平最大主应力来确定巷道围岩受力状况[207]，未考虑巷道的三维状况，即空间性。马路坪矿采用斜坡道开采，存在很多倾斜巷道。

3. 红页岩倾斜层状节理的影响

因底盘砂岩厚度较薄且接近磷矿体，其开拓巷道主要布置在有倾斜层理的红页岩中，如图 4-13 和图 4-15 所示。此时巷道周边应力分布必然要受倾斜层状节理的影响。对倾斜层状节理考虑与否，将影响岩爆预测的准确性。

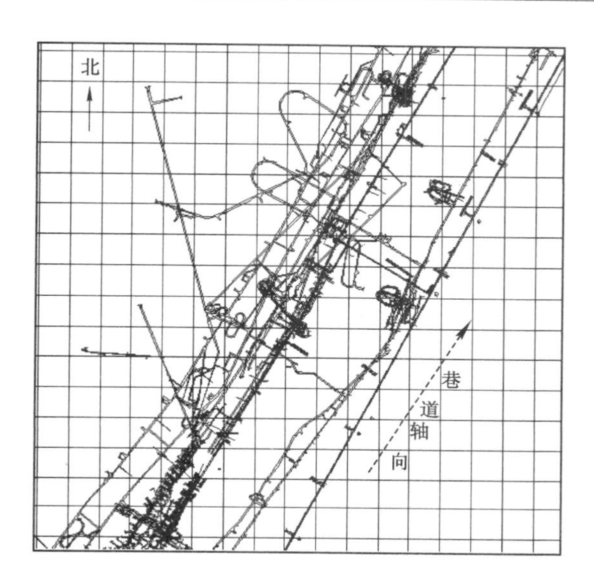

图 4-14　马路坪矿主要巷道布置

图 4-15　倾斜层理红页岩断面

三、马路坪矿岩爆预测中 σ_θ 问题的对策

1. 地应力场区域性应用和空间分解

建立真实合理的地应力场是应用数值模拟方法定量分析的前提。鉴于开阳

磷矿多岩性的赋存状态，本书不是笼统地将地应力值反演或拟合，尝试以测点位置及相应岩性划分为一个小区域，该测点地应力测量值仅应用于其相应高程的局部区域。目前，基于地应力测量的倾斜巷道岩爆研究较少，考虑到开阳磷矿为三维地应力测量，即已知 σ_x、σ_y、σ_z、τ_{xy}、τ_{yz}、τ_{zx}，故可采用弹性力学中空间应力分解的方法，可对任一空间倾斜巷道的受力进行确定。

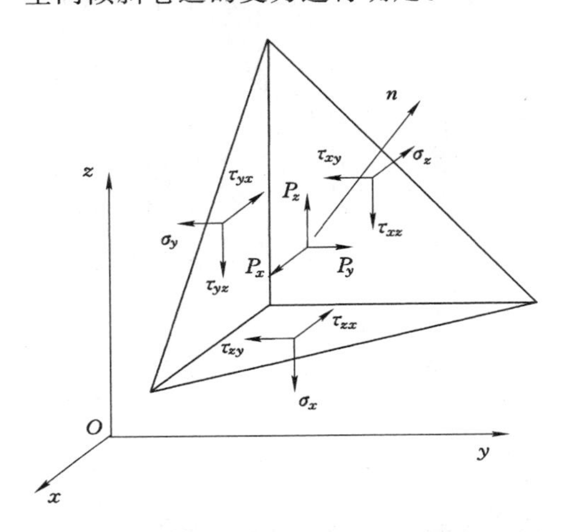

图 4-16　任意斜面上的空间应力分解

图 4-16 为具有一倾斜面 P 的四面体，假设该斜面面积为 ds，则 x 面、y 面和 z 面的面积分别为 $l$ds、$m$ds、$n$ds，l、m、n 分别为斜面 P 的外法线的方向余弦。斜面全应力 P 可表示为两种分量形式：沿坐标向分量 $P=(P_x,P_y,P_z)$，沿法向和切向，$P=(\sigma_n,\tau_n)$。

$$\begin{cases} P_x = l\sigma_x + m\tau_{zx} + n\tau_{zx} \\ P_y = m\sigma_y + n\tau_{zy} + l\tau_{xy} \\ P_z = n\sigma_z + mP_y + m\tau_{yz} \\ \sigma_n = lP_x + mP_y + nP_z \\ \quad = l^2\sigma_x + m^2\sigma_y + n^2\sigma_z + 2mn\tau_{yz} + 2nl\tau_{zx} + 2ml\tau_{xy} \\ \tau_n = P_x^2 + P_y^2 + P_z^2 - \sigma_n^2 \end{cases} \tag{4-2}$$

由岩体力学可知，深埋硐室围岩二次应力状态的近似计算，归结为求解图 4-17 所示的具有开孔的无重量平板的平面形变问题，其关键是确定平板的上、下边界作用有垂直均布压力 P_y 和平板的两侧面边界上作用有水平均布压力 P_x。

在基于地应力测量岩爆预测中，最简单的方法就是将巷道断面形状简化为圆形巷道来计算 σ_θ。侧压系数 λ 为任意值时，圆形硐室二次应力状态的计算公式[160]为：

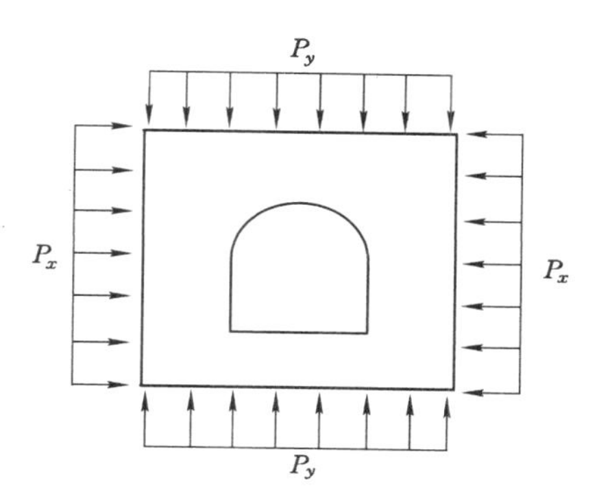

图 4-17　深埋硐室围岩二次应力计算模型

$$\begin{cases}\sigma_r = -\dfrac{\gamma H}{2}\left[(1+\lambda)\left(1-\dfrac{r_a^2}{r^2}\right)-(1-\lambda)\left(1-4\dfrac{r_a^2}{r^2}+3\dfrac{r_a^4}{r^4}\right)\cos(2\theta)\right] \\ \sigma_\theta = -\dfrac{\gamma H}{2}\left[(1+\lambda)\left(1+\dfrac{r_a^2}{r^2}\right)+(1-\lambda)\left(1+3\dfrac{r_a^4}{r^4}\right)\cos(2\theta)\right] \\ \tau_{r\theta} = -\dfrac{\gamma H}{2}\left[(1-\lambda)\left(1+2\dfrac{r_a^2}{r^2}-3\dfrac{r_a^4}{r^4}\right)\sin(2\theta)\right]\end{cases} \tag{4-3}$$

式中，γ 为岩体的容重；H 为硐室的平均埋深；λ 为侧压力系数；r 和 θ 为所计算任意一点的极坐标，极坐标原点位于圆孔中心；r_a 为圆形硐室的半径。

具有复杂洞形(除圆形和椭圆形外)的周边围岩应力-应变分析问题通常采用有限元数值模拟方法，本章采用 ANSYS 软件进行数值模拟。要计算各巷道硐室周边的最大切向应力，需要确定该硐室边界的垂直均布压力 P_y 和水平均布压力 P_x[160]。根据马路坪矿实测的三维地应力 6 个分量，按式(4-2)可分解到相应任一巷道轴线方向和其横截面上，即确定计算最大切向应力所需要的 P_x 和 P_y。为便于比较，选择开磷马路坪矿各主要中段巷道，根据地应力区域划分的原则和空间应力分解推算各巷道所处的围岩压力，计算结果见表 4-4。

表 4-4　空间分解法的各主要中段巷道围岩压力

位置	测点	受力	方向余弦			空间分解/MPa
			l	m	n	
+750 m 水平中段大巷	750-2# (砂岩)	P_y	0	0	1	4.957
		P_x	−0.584	0.811	0	9.87
+700 m 水平中段大巷	700-1# (砂岩)	P_y	0	0	1	4.28
		P_x	−0.516	0.855	0	7.66
+600 m 水平中段大巷	600-4# (红页岩)	P_y	0	0	1	1.83
		P_x	−0.516	0.856	0	3.34

2. 倾斜层理对岩爆预测的影响

现有基于地应力测量的岩爆预测，较多的是将巷道断面简化为圆形或不考虑岩石的层理[199]，存在相当的局限性。开磷马路坪矿中段大巷布置在红页岩中，三心拱断面，如图 4-18 所示。为探讨倾斜层理对硐室周边切向应力的影响，依此在有限元软件 ANSYS 中建立了具有倾斜层理和无倾斜层理的三心拱巷道平面模型，如图 4-19 所示。为了减少边界效应的影响，计算模型宽 60 m、高 65 m，红页岩基本力学参数：抗压强度 $\sigma_c=34.37$ MPa，抗拉强度 $\sigma_t=2.68$ MPa，弹性模量 $E=8.9$ GPa，泊松比 $\mu=0.33$，黏聚力 $c=7$ MPa，内摩擦角 $\varphi=43°$。数值分析中采用 Drucker-Prager 塑性准则，假设层理面无离层与滑动，结合 ANSYS 在层状岩体研究的文献[208-209]，采用折减岩石强度间隔布置的方法来实现倾斜理层理的数值计算。以＋600 m 水平中段大巷为分析对象，P_x 和 P_y 的值见表 4-4。

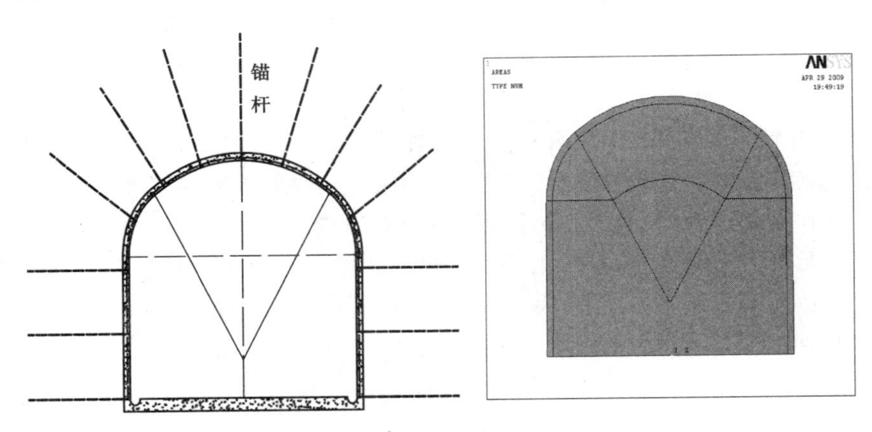

图 4-18　马路坪矿主要巷道实际断面

图 4-20 和图 4-21 对比了＋600 m 水平中段大巷三心拱断面倾斜层理模型和无倾斜层理模型的竖向应力云图，可以看出在倾斜层理影响下，切向应力为不对称分布，峰值区在图示的右帮底角。

图 4-22 为有层理和无层理情况下三心拱洞室边缘的切向应力分布，由该图可以看出：

(1) 无层理时切向应力是以断面中心线相对称。

(2) 有倾斜层理时，右侧比左侧的应力偏大。

(3) 无论有无层理影响，在侧压系数为 3.34/1.83≈1.83 时，三心拱巷道的拱顶、拱脚、帮底角都是切向应力的极值拐点。

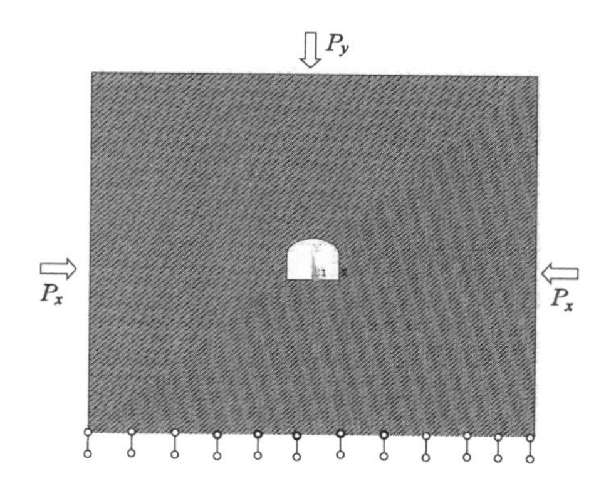

图 4-19　三心拱巷道计算模型(含层理)

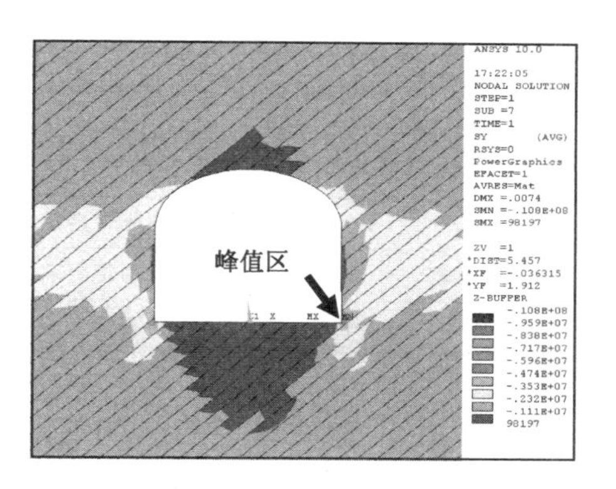

图 4-20　+600 m 水平中段大巷三心拱断面应力云图(倾斜层理)

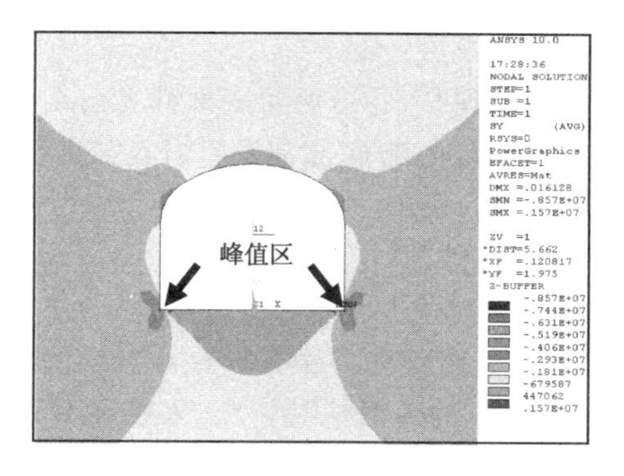

图 4-21　+600 m 水平中段大巷三心拱断面应力云图(无倾斜层理)

(4) 有倾斜层理条件比无层理条件的切向应力普遍略大。

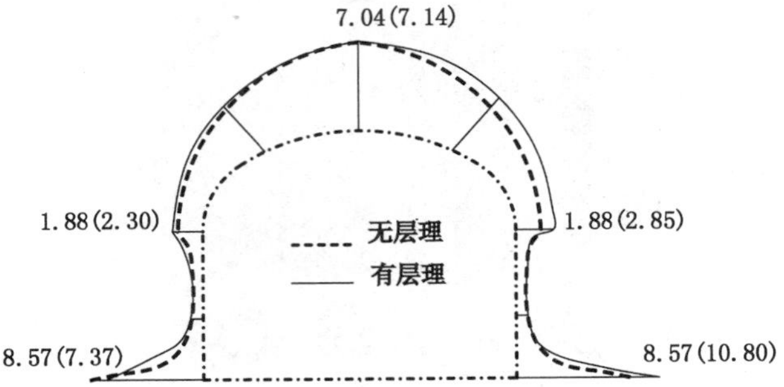

图 4-22　考虑倾斜层理的切向应力分布(单位:MPa)

根据常用的卢森判据[210,212],实验室测得红页岩抗压强度为34.37 MPa。表 4-5对比了有层理和无层理情况下的红页岩三心拱巷道岩爆预测。

表 4-5　倾斜层理对岩爆预测的影响差异

红页岩	σ_θ/σ_c	卢森判据	预测岩爆位置	实际岩爆位置
无层理	0.249	弱岩爆	两帮底部	右帮底部
有层理	0.314	中等岩爆	右帮底部	

由图 4-20、图 4-22 中可以看出,倾斜层理对岩爆的等级和岩爆位置有很大的影响。+600 m 水平中段考虑层理时最大切向应力为 10.8 MPa,属于中等岩爆,而不考虑层理时最大切向应力为 8.57 MPa,属于弱岩爆。马路坪矿在进行+600 m 水平中段附近巷道掘进时,表现出弹射等中等岩爆的现象,因此考虑倾斜层理的岩爆预测接近实际。

由表 4-5 可知,不考虑层理时,巷道两帮底部都易出现岩爆;考虑层理时,右帮底部最易发生岩爆,这和现场右帮底部常发生岩石弹射破坏是相符合的,现场巷道破坏情况如图 4-23 所示。因此,在进行岩爆预测时,应以实际的巷道断面情况为依据。

(三) 区域空间分解法与拟合法的岩爆预测比较

根据文献[212-213],将本章第四节中采用最小二乘法获得的地应力测量成果线性拟合回归方程和马路矿的地形地貌情况,来确定不同水平中段大巷的 P_x 和 P_y。最小水平主应力基本垂直中段大巷轴线,+750 m 水平中段大巷的埋深约为 300 m,+700 m 水平中段大巷的埋深约为 350 m,+600 m 水平中段大巷的埋深约为450 m,实验室测得红页岩抗压强度为 34.37 MPa,砂岩抗压强度为

图 4-23 红页岩巷道右帮岩爆情况

118.1 MPa。表 4-6 按红页岩进行拟合法岩爆预测与空间分解法岩爆预测的比较。表 4-7 按砂岩进行拟合法岩爆预测与空间分解法岩爆预测的比较。

表 4-6 红页岩回归拟合法的岩爆预测比较

<table>
<tr><th rowspan="2">位置</th><th colspan="3">区域空间分解法</th><th colspan="3">回归拟合法</th></tr>
<tr><th colspan="2">受力</th><th>卢森判据</th><th colspan="2">受力</th><th>卢森判据</th></tr>
<tr><td rowspan="2">+750 m 水平中段大巷</td><td>P_y</td><td>4.95 MPa</td><td rowspan="2">0.26(弱岩爆)</td><td>P_y</td><td>4.94 MPa</td><td rowspan="2">0.76(强岩爆)</td></tr>
<tr><td>P_x</td><td>9.87 MPa</td><td>P_x</td><td>6.93 MPa</td></tr>
<tr><td rowspan="2">+700 m 水平中段大巷</td><td>P_y</td><td>4.28 MPa</td><td rowspan="2">0.20(弱岩爆)</td><td>P_y</td><td>5.64 MPa</td><td rowspan="2">0.86(强岩爆)</td></tr>
<tr><td>P_x</td><td>7.66 MPa</td><td>P_x</td><td>7.78 MPa</td></tr>
<tr><td rowspan="2">+600 m 水平中段大巷</td><td>P_y</td><td>1.83 MPa</td><td rowspan="2">0.31(中等岩爆)</td><td>P_y</td><td>7.04 MPa</td><td rowspan="2">0.93(强岩爆)</td></tr>
<tr><td>P_x</td><td>3.34 MPa</td><td>P_x</td><td>9.48 MPa</td></tr>
</table>

表 4-7 砂岩回归拟合法的岩爆预测比较

<table>
<tr><th rowspan="2">位置</th><th colspan="3">区域空间分解法</th><th colspan="3">回归拟合法</th></tr>
<tr><th colspan="2">受力</th><th>卢森判据</th><th colspan="2">受力</th><th>卢森判据</th></tr>
<tr><td rowspan="2">+750 m 水平中段大巷</td><td>P_y</td><td>4.95 MPa</td><td rowspan="2">0.26(弱岩爆)</td><td>P_y</td><td>4.94 MPa</td><td rowspan="2">0.21(弱岩爆)</td></tr>
<tr><td>P_x</td><td>9.87 MPa</td><td>P_x</td><td>6.93 MPa</td></tr>
<tr><td rowspan="2">+700 m 水平中段大巷</td><td>P_y</td><td>4.28 MPa</td><td rowspan="2">0.20(弱岩爆)</td><td>P_y</td><td>5.64 MPa</td><td rowspan="2">0.23(弱岩爆)</td></tr>
<tr><td>P_x</td><td>7.66 MPa</td><td>P_x</td><td>7.78 MPa</td></tr>
<tr><td rowspan="2">+600 m 水平中段大巷</td><td>P_y</td><td>1.83 MPa</td><td rowspan="2">0.31(中等岩爆)</td><td>P_y</td><td>7.04 MPa</td><td rowspan="2">0.27(弱岩爆)</td></tr>
<tr><td>P_x</td><td>3.34 MPa</td><td>P_x</td><td>9.48 MPa</td></tr>
</table>

由表4-6和表4-7可以看出，笼统地拟合回归法会造成岩爆预测值出现偏差。按红页岩来反演地应力场，会造成局部岩爆预测值偏大；按砂岩来反演地应力场，会造成局部岩爆预测值偏小。因此，根据地应力区域原则和空间应力分解法进行岩爆预测更符合实际。

本章小结

本章总结了地应力测量的分类和基于地应力测量的岩爆预测研究现状，对马路坪矿红页岩巷道岩爆情况进行了调查，介绍了该矿套孔应力解除法三维地应力测量的过程和成果，针对马路坪矿巷道岩爆预测 σ_θ 确定的特殊性提出了区域空间分解法等对策。主要研究结论有以下几点：

(1) 马路坪矿三心拱红页岩巷道岩爆破坏的位置，主要集中在拱顶、拱脚和右帮的底部，岩爆破坏程度随开采深度增加而更为剧烈，以右帮底部最为严重，发生大块岩石弹射并伴有闷雷声，表现为中等岩爆；拱顶、拱脚和帮的连接部位为片状剥落，表现为轻微岩爆。

(2) 马路坪矿三维地应力测试结果表明，布置在红页岩的测点比砂岩测点埋深的垂直高度高150 m，但测得垂直应力值却要小近3倍，多岩性的赋存状态会造成地应力场的分布不规律，提出了考虑岩性的地应力场区域应用观点。为使地应力值更好地用于岩爆预测，应根据岩性选择地应力测点位置。

(3) 巷道具有空间性，尤其是倾斜巷道，故地应力测量值应采用三维地应力测量，以便能实现空间应力分解。

(4) 针对多层岩性赋存的地质条件，创新性地提出区域空间应力分解法，根据该方法对开磷马路坪矿三心拱红页岩倾斜层理巷道进行数值模拟，对比了无倾斜层理对岩爆预测的差异，即发生岩爆的位置主要在右帮底脚，这与马路坪矿现场观测的破坏结果较吻合；同时，将该方法与线性回归拟合法的岩爆预测进行比较，结果发现前者更符合实际。

第五章　中应变率条件下饱水砂岩动态强度 SHPB 试验

第一节　引　　言

水作为自然界极其常见的流体，常影响岩基上的大坝、地下硐室、岩石边坡等工程的稳定，如 1959 年法国马尔帕塞拱坝(Malpasset Arch Dam)坝失事和 1963 年意大利瓦依昂(Vajont)拱坝近坝左岸库区 2.5 亿 m^3 岩体大滑坡，都是水诱发岩体的变形与破坏造成的[214]。潮汐、海浪、水库注水等与水相关的天然地震研究是近年来地震研究中的热点问题。工程岩体在水渗流与应力相互作用下的变形、损伤破坏及稳定性是许多工程学科共同关心的课题[214]。工程岩体常处于饱水状态中，岩石在水饱和状态下的力学响应受到了广泛地关注。格兰特(Grant)[215]、路易斯(Louis)等[216]研究了含水量对不同岩石声学参数的影响；斯宾塞(Spencer)[217]通过单轴加卸载实验装置发现，在饱和岩石中存在应力弛豫、衰减量和模量弥散现象；李廷等[218]在 10^{-5}/s 的应变速率条件下对饱和砂岩和大理岩做了进一步研究；王海龙等[219]对比了 $10^{-6}s^{-1}$ 和 $10^{-4}s^{-1}$ 的应变速率条件下饱和混凝土抗压强度变化，快速加载时，饱和混凝土的动力抗压强度升高，慢速加载时抗压强度降低；刘光廷等[220]通过对干燥和饱水红色软岩进行单轴恒载试验，验证了孔隙水的力学作用以及孔隙水排出过程；田象燕等[221]对比了应变率 $10^{-5}s^{-1}$、$10^{-3}s^{-1}$ 和 $10^{-2}s^{-1}$ 的饱水砂岩和大理岩的各向异性。总之，国内外学者对水饱和岩石的研究做了许多工作，积累了丰富的经验。但现有水饱和岩石的研究局限于准静态情况，实际工程中大坝或地下硐室往往要承受冲击或爆破开挖时爆炸荷载，这就涉及饱水岩石动态破坏强度的变化规律。另外，岩爆发生涉及岩石动力学问题，水防治岩爆的良好效果也就和岩石遇水后的动力学特征有关，本章的饱水岩石冲击试验能为水防治岩爆的动力学机制研究提供试验支持。

第二节　中应变率条件饱水岩石动态试验的意义

一、静态加载与动态加载的区分

诸如地震、滑坡、岩爆等地质灾害现象，几乎都与应力脉冲或冲击载荷作用下的岩石破裂有关，相关防治领域均涉及材料，特别是岩石类准脆性材料的动态力学特性问题[48]。对于动静态加载的含义至今尚无统一的规定，荷载状态可按加载时的应变率大小或加载速率进行分类。

(1) 按应变率大小分

应变率 $\dot{\varepsilon}$(单位为 s^{-1})是表征应变 ε 变化快慢的度量。李夕兵教授按加载应变率大小划分为 5 种荷载状态，见表 4-1。

表 4-1　按应变率分级的荷载状态[48]

应变率 $\dot{\varepsilon}/s^{-1}$	$<10^{-5}$	$10^{-5}\sim10^{-1}$	$10^{-1}\sim10^{1}$	$10^{1}\sim10^{3}$	$>10^{4}$
荷载状态	蠕变	静态	准动态	动态	超动态
试验设备	蠕变试验机	普通液压和刚性伺服试验机	气动快速加载机	霍布金逊压杆及其变形装置	轻气炮平面波发生器
动静明显区别	惯性力可忽略		惯性力不可忽略		

另外，不同的学者对应变率范围的划分也不尽相同。赵亚溥[222]认为，当 $\dot{\varepsilon}$ 低于 $10^{-5}s^{-1}$时，属于静态范围；当 $\dot{\varepsilon}$ 介于 $10^{-5}\sim10^{-3}s^{-1}$时，属于准静态(quasi-static)范围。林德霍姆(Lindholm)[223]认为，准静态应变率范围介于 $10^{-5}\sim10^{-1}s^{-1}$之间。洪亮[224]认为，应变率范围低于 $10^{-5}s^{-1}$时为静态或蠕变；应变率范围 $10^{-5}\sim10^{-1}s^{-1}$为准静态或低应变率；应变率范围 $10^{-1}\sim10^{4}\ s^{-1}$为动态，其中中等应变率为 $10^{-1}\sim10^{2}s^{-1}$，高应变率为 $10^{2}\sim10^{4}s^{-1}$；应变率高于 $10^{4}s^{-1}$为超动态。

(2) 按加载速率分

加载速率是指外载荷 σ 随时间的变化率，用 $d\sigma/dt(\dot{\sigma})$表示。通常判断加载的迅速程度，要考虑结构物的固有频率。一般认为，如果作用载荷从零增加到最大值所需的时间小于结构物自然振动周期的 1/2 时，此时惯性力效应形成的应力波就必须予以考虑[225]。

在断裂力学中，通常以用应力强度因子 K 对时间的变化率 dK/dt ($\dot{K}$)来表示加载速率，单位为 kgf*• $mm^{\frac{-3}{2}}/s$（N • $mm^{\frac{-3}{2}}/s$），而 $\dot{K}_I$ 的单位为MPa • $m^{\frac{1}{2}}/s$。根据应力强度因子率 $\dot{K}_I$ 的分类如下：

① 当 10^{-3} MPa $\sqrt{m}/s \leqslant \dot{K}_I \leqslant 10^3$ MPa $\sqrt{m}/s$ 时，属于准静态断裂；

② 当 10^3 MPa $\sqrt{m}/s \leqslant \dot{K}_I \leqslant 10^5$ MPa $\sqrt{m}/s$ 时，属于动态断裂；

③ $\dot{K}_I > 10^5$ MPa $\sqrt{m}/s$ 时，属于高速或短脉冲载荷作用下的断裂。

综合上述观点，为方便起见，本章采用应变率大小来作为区分静态与动态的指标。应变率的数量级是主要的，高应变率下工程材料的力学行为和准静态下有明显不同，应变率提高时，材料的屈服极限和硬化指数也随之提高，表现出较强的应变率依赖性。应该指出的是，岩石是属于应变率敏感的材料[222]。

二、中应变率段饱水岩石动态特性的必要性

在深部地下工程中，大型地下硐室与结构的抗爆设计等，必须有岩石类材料在 $10^0 \sim 10^1\ s^{-1}$ 应变率段的动力特性，一般可通过该应变率段岩石动力加载试验装置准确测定其所受应力应变关系，从而获得相应的能耗及损伤特征。实践证明，这一重要特征是众多深部岩体工程诱发岩爆致因研究的关键。因此，岩石在这一应变率段的特性也是目前学者们关注岩体工程结构动力损伤及破坏条件的基础。但是，目前能实现该应变率段测试的试验技术和装置有限，这方面的研究还有待深入开展[48,226-227]。

应变率是影响材料受力性能的重要参数，尤其对于各种新型材料，要拓展其应用范围，必须对材料的在各应变率范围进行测量与研究。由前文可知，材料应变率的分布范围较广（$10^{-6} \sim 10^6\ s^{-1}$），目前用于高应变率和低应变率加载的材料试验机及其测量技术已趋成熟。众所周知，20 世纪 60 年代就发展起来的快速加载试验机只可获得岩石在 $10^{-1} \sim 10^0\ s^{-1}$ 应变率段的动态特性，常规霍布金逊压杆试验系统主要测定岩石在 $10^2 \sim 10^3\ s^{-1}$ 应变率段的动态特性，更高应变率段的动力特性则主要通过轻气炮或平面波发生器加载等获得，较低应变率（$10^{-5} \sim 10^0\ s^{-1}$）加载可分别由普通液压和刚性伺服试验机等实现。B. Song 等[228]通过改进 MTS-810 材料试验机，实现了对环氧泡沫材料在应变率为 0.05～35 s^{-1} 范围的动态加载试验。国内的中科院武汉岩土所在 20 世纪 80 年代初即开始对岩石快速加载机进行研制，于 80 年代末研制了围压可达 1 000 MPa、轴压可达 4 000 MPa 的 RDT-1000 型高压动力三轴仪[229]，可对岩石试样进行轴向应变速率为 $10^{-5} \sim 10^0\ s^{-1}$ 范围的动力三轴试验。马春德等[230]

* 1 kgf＝9.807 N。

曾使用英国 Instron1342 型电液伺服控制材料试验机，对红砂岩加载应变率上限进行测试。当把加荷频率提高到 30 Hz 时，应变率可达到 $10^0 s^{-1}$ 数量级，但加载波形失真，其原因主要是由于液压源的容量限制，作动器的响应无法跟上所致。如果更换大容量液压源，应变率则可以稳定达到此数量级。

可见，当应变率在 $10^0 \sim 10^1\ s^{-1}$ 之间时，由于一般的液压试验机系统不能快速地加载到足以产生此范围的变形速率，而一般的动态试验方法又不能慢速加载到足以产生此范围的应变速率，所以目前这一应变率段的研究资料相对较少。然而，研究应力波在岩石中的传播规律及其影响却十分需要此应变率段范围的动态特性资料。

纯动态下岩石力学性质研究较多[231-233]，分别涉及本构关系、冲击强度、能量耗散、波形、应变率及破坏准则、温度等，但水饱和状态下岩石的动态力学特性研究很少，而将中应变率段与饱水状态相结合的研究更少，鲁宾(Ruhbin)等[49]和楼沩涛[50]利用霍布金森压杆研究干燥和水饱和花岗岩的动态拉断强度，发现水饱和花岗岩比干燥时更难拉断；尼古拉耶夫斯基(Nikolaevskiy)等[234]通过数值模拟研究了饱水岩石的爆炸应力波传播特点；林英松等[235]研究了水中爆炸冲击波作用下饱和水泥试样的动态损伤破坏。岩石处于水饱和条件下的动态力学特性需要进一步详细研究，这对从岩石动力学角度来揭示水环境下工程岩体灾害发生机理和防治是很有意义的。

三、饱水岩石中应变率加载的实现途径

自 20 世纪 70 年代[48,236]，分离式霍普金森压杆(SHPB)已发展成为测试材料动态力学特性的基本实验装置之一。常规的 SHPB 实验系统主要测定岩石在 $10^2 \sim 10^4\ s^{-1}$ 应变率段的动态特性，它采用测量贴于弹性压杆中部的应变片的加载波形来推算出夹在两压杆间的试件的动态应力应变关系，避开了直接测量冲击作用下试件应力应变关系的困难。

在机械凿岩、深部岩体工程、大型地下硐室抗爆设计等领域必须要有岩石类材料在中应变率段的动力特性，常规霍布金逊杆为消除二维效应及波头振荡等的影响，其杆径通常小于 30 mm，导致其加载应变率大于 $10^2\ s^{-1}$[237]。虽然降低冲击速度可降低所受应变速率，但当应变率降低到 $10^1\ s^{-1}$ 左右时，岩石是不会破裂的。目前，对于岩石等脆性材料在中等应变速率加载条件下的动态力学特性研究很少[226,238-239]。

在 SHPB 试验中，为使惯性效应和端部效应达到最小，试样长径比为 0.5 左右(惯性效应为 0 时试样的长径比约为$\sqrt{3}\mu/2$，μ 为试样泊松比)[240]，考虑到 SHPB 冲击试验中试样的长度与试样应变速率成反比，增大试件长度可以降低

应变速率，但也意味着要增加试样直径。为了保证冲击试验过程中试样的应力分布均匀化，尤其是径向应力的均匀化，试样的直径一般只略小于压杆的直径。因此，可通过增大压直杆径作为获得岩石中应变率段加载的思路。

根据斯迪瓦丁-莱恩尼克(Steverding-Lehnigk)脆性断裂准则[241-242]，要使试样破坏，应满足：

$$\sigma_{\mathrm{A}}^{2}\left[\frac{t}{2}-\frac{T}{8\pi}\sin\left(\frac{4\pi t}{T}\right)\right]=\frac{\pi\gamma E}{C} \tag{5-1}$$

式中，σ_{A} 为理想半周期正弦应力脉冲的幅值；T 为加载应力脉冲的周期；t 为应力波延时；E 为弹性模量；γ 为材料的比表面能；C 为声速。

对于半周期正弦应力波加载情形，其应力峰值出现在 $T/4$ 处，将 $t=T/4$ 代入式(5-1)，则半正弦加载波的幅值为：

$$\sigma_{\mathrm{A}}=\sqrt{\frac{8\pi\gamma E}{CT}} \tag{5-2}$$

在SHPB试验中，冲头的长度和其声速决定了加载应力波的延时，则加载应力波周期为：

$$T=2\,\frac{2l_{0}}{C_{0}} \tag{5-3}$$

式中，l_0 为冲头长度；C_0 为应力波在冲头中的传播速度。

SHPB试验中，试样具有一定的长径比 $l_{\mathrm{s}}=kD_{\mathrm{s}}$($D_{\mathrm{s}}$ 为试样的直径，l_{s} 为试样长度，k 为试样长径比，对于岩石试样一般取0.5)。为保证受冲击试样的应力的均匀化条件，应力波延时一般应在试样两端间透反射多个来回，可以假定为：

$$\frac{2l_{0}}{C_{0}}=n\,\frac{l_{\mathrm{s}}}{C} \tag{5-4}$$

式中，n 为应力波在试样中透反射次数，一般取20。

因此，冲头长度可以用试样的直径表示为：

$$l_{0}=\frac{nkD_{\mathrm{s}}C_{0}}{2C} \tag{5-5}$$

将式(5-3)和式(5-5)代入(5-2)，得：

$$\sigma_{\mathrm{A}}=\sqrt{\frac{4\pi\gamma E}{nkD_{\mathrm{s}}}} \tag{5-6}$$

假定岩石为理想的弹脆性材料，结合岩石动态弹性模量恒定的特性[48]，定义岩石试样在冲击试验中的应变率为：

$$\dot{\varepsilon}=\frac{\varepsilon}{t}=\frac{\sigma_{\mathrm{A}}C_{0}}{El_{0}} \tag{5-7}$$

将式(5-5)和式(5-6)代入(5-7),得:

$$\dot{\varepsilon} = 4C\sqrt{\frac{\pi\gamma}{En^3k^3D_s^3}} \tag{5-8}$$

可见,对于相同长径比的同材料的试样,采用相对延时恒定(n 为定值)的应力脉冲加载时,其应变率随试样直径 D_s 或长度 l_s($l_s = kD_s$)的增加而降低。

初步实验表明,用于岩石的常规 SHPB 试验系统杆径增大到合适尺寸,可在不降低冲击速度的前提下,保证岩石破裂,继而获得岩石在中应变率段的本构特性[243]。洪亮[224]在中南大学研制的 SHPB 实验测试系统上,分别利用 ϕ22 mm、ϕ36 mm、ϕ50 mm 和 ϕ75 mm 等 4 种 Hopkinson 压杆杆径以及能消除 P-C 振荡的半正弦波加载方式,对长径比为 0.5 且直径不同的花岗岩,石灰岩和砂岩试样进行了加载速率由高到低的冲击试验,其试验结果表明:增大 Hopkinson杆径是实现对岩石中等应变率加载的有效途径之一,但当应变率低到 10^0 s^{-1}量级时,Hopkinson 杆径已超过 100 mm,且增大 Hopkinson 杆径来降低加载应变率的效果不明显。

第三节　饱水砂岩 75 mm 杆径 SHPB 试验

一、75 mm 杆径 SHPB 试验装置

(一) SHPB 试验原理[224]

如图 5-1 所示,岩石试样被夹持在入射杆与透射杆之间,冲头在一定的压气压力(爆轰)作用下,以一定的速度 v 与入射杆对心碰撞,在入射杆端产生一应力脉冲 $\sigma_I(t)$,其幅值可通过调节撞击速度 v 来控制,而其历时可通过调节冲头长度来控制。冲头、入射杆和透射杆均要求为弹性状态,且一般采用相同的直径和材质,即其弹性模量 E、波速 C_0 和波阻抗 ρC_0 均相同。在一维应力波传播的条件下,应力脉冲在入射杆中以波速 $C_0 = \sqrt{E\rho^{-1}}$ 向前传播。短试件在该入射脉冲加载下高速变形,与此同时向入射杆传播反射脉冲 $\sigma_R(t)$ 和向透射杆传播透

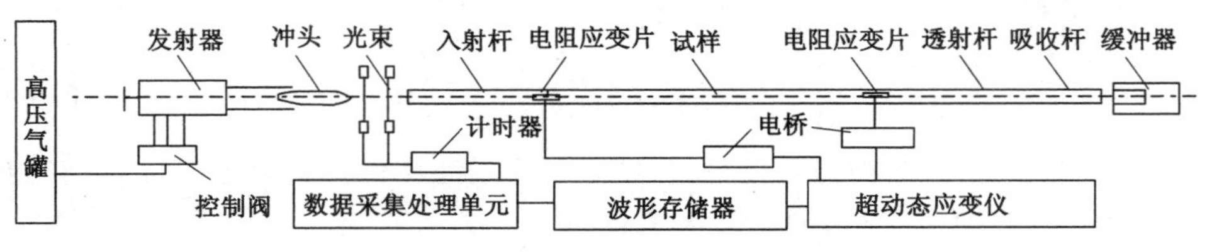

图 5-1　SHPB 试验原理示意图

射脉冲 $\sigma_T(t)$，不同试件材料的动态力学行为可通过 $\sigma_I(t)$、$\sigma_R(t)$ 和 $\sigma_T(t)$ 来反映的。

利用粘贴在入射杆上的应变片 G_1 所测得入射应变信号 $\varepsilon_I(X_{G_1},t)$ 和反射应变信号 $\varepsilon_R(X_{G_1},t)$，以及粘贴在透射杆上的应变片 G_2 所测得透射应变信号 $\varepsilon_T(X_{G_2},t)$。冲头速度 v^* 则由平行光束计时器测速系统测得。当透射脉冲从吸收杆自由端反射时，吸收杆将带着陷入其中的透射脉冲的动量分离(并通过撞击阻尼器最终耗尽能量)，从而可使输出杆在透射波通过后保持静止。

利用 SHPB 试验装置测定岩样的 σ-ε-$\dot{\varepsilon}$ 关系需做一系列假定：该系统应严格处于一维应力状态；应力波在岩样内经几次反射后，在岩样和弹性杆两个界面的应力应达到均匀；岩样和杆交界面的摩擦效应小得可以忽略。

在满足一维应力波假定的条件下，一旦测得试样与入射杆界面 X_1 处(图 5-2)的应力 $\sigma(X_1,t)$ 和质点速度 $v(X_1,t)$，以及试样与输出杆界面 X_2 处的应力 $\sigma(X_2,t)$ 和质点速度 $v(X_2,t)$，就可以按下列各式来分别确定试样材料的平均应力 $\sigma_s(t)$、应变率 $\dot{\varepsilon}_s(t)$ 和应变 $\varepsilon_s(t)$：

$$
\begin{cases}
\sigma_s(t) = \dfrac{A}{2A_s}[\sigma(X_1,t)+\sigma(X_2,t)] \\
\quad\quad = \dfrac{A}{2A_s}[\sigma_I(X_1,t)+\sigma_R(X_1,t)+\sigma_T(X_2,t)] \\
\dot{\varepsilon}_s(t) = \dfrac{v(X_2,t)-v(X_1,t)}{l_s} \\
\quad\quad = \dfrac{v_T(X_2,t)-v_I(X_1,t)-v_R(X_1,t)}{l_s} \\
\varepsilon_s(t) = \displaystyle\int_0^t \dot{\varepsilon}_s(t)\mathrm{d}t \\
\quad\quad = \dfrac{1}{l_s}\displaystyle\int_0^t [v_T(X_2,t)-v_I(X_1,t)-v_R(X_1,t)]\mathrm{d}t
\end{cases}
\tag{5-9}
$$

式中，A 为压杆截面积；A_s 为试样截面积；l_s 为试样长度。

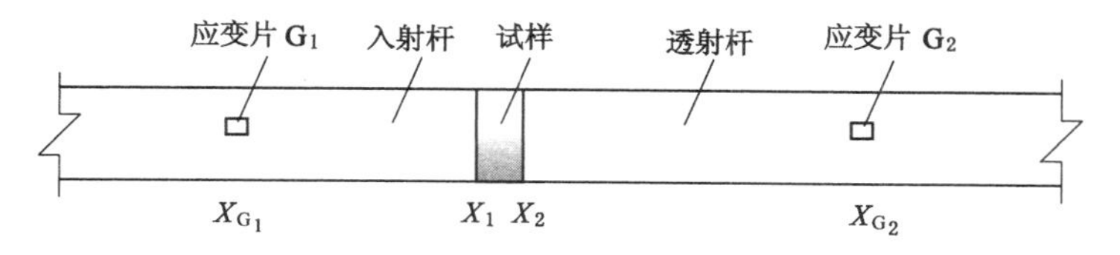

图 5-2　入射杆-试样-透射杆相对位置示意图

在压杆处于弹性状态下，由一维弹性波理论可知，应变与应力和质点速度之间存在如下的线性比例关系：

$$\begin{cases}\sigma_1 = \sigma(X_1,t) = \sigma_I(X_1,t) + \sigma_R(X_1,t) = E[\varepsilon_I(X_1,t) + \varepsilon_R(X_1,t)] \\ \sigma_2 = \sigma(X_2,t) = \sigma_T(X_2,t) = E\varepsilon_T(X_2,t) \\ v_1 = v(X_1,t) = v_I(X_1,t) + v_R(X_1,t) = C_0[\varepsilon_I(X_1,t) - \varepsilon_R(X_1,t)] \\ v_2 = v(X_2,t) = v_T(X_2,t) = C_0\varepsilon_T(X_2,t)\end{cases} \tag{5-10}$$

利用一维应力下的弹性波在细长杆中传播时无畸变的特性，界面 X_1 处入射应变波 $\varepsilon_I(X_1,t)$ 和反射应变波 $\varepsilon_R(X_1,t)$ 就可以通过粘贴在入射杆 X_{G1} 处应变片 G_1 所测入射应变信号 $\varepsilon_I(X_{G_1},t)$ 和反射应变信号 $\varepsilon_R(X_{G1},t)$ 来代替，界面 X_2 处的透射应变波 $\varepsilon_T(X_2,t)$ 可以通过粘贴在透射杆上的应变片 G_2 所测得透射应变信号 $\varepsilon_T(X_{G_2},t)$ 来代替。这样，最后由应变片 G_1 和 G_2 所测信号即可确定试样的动态应力应力 $\sigma_s(t)$，应变率 $\dot{\varepsilon}_s(t)$ 和应变 $\varepsilon_s(t)$。

$$\begin{cases}\sigma_s(t) = \dfrac{AE}{2A_s}[\varepsilon_I(X_{G_1},t) + \varepsilon_R(X_{G_1},t) + \varepsilon_T(X_{G_2},t)] \\ \dot{\varepsilon}(t) = \dfrac{C_0}{l_s}[\varepsilon_T(X_{G_2},t) - \varepsilon_I(X_{G_1},t) + \varepsilon_R(X_{G_2},t)] \\ \varepsilon(t) = \dfrac{C_0}{l_s}\displaystyle\int_0^t[\varepsilon_T(X_{G_2},t) - \varepsilon_I(X_{G_1},t) + \varepsilon_R(X_{G_1},t)]\mathrm{d}t\end{cases} \tag{5-11}$$

若令试样的吸能值 W_s 为：

$$W_s = W_I - W_R - W_T \tag{5-12}$$

入射能 W_I、反射能 W_R、透射能 W_T 分别为：

$$\begin{cases}W_I = \dfrac{A}{\rho C_0}\displaystyle\int_0^t \sigma_I^2(X_1,t)\mathrm{d}t = \dfrac{AE^2}{\rho C_0}\displaystyle\int_0^t \varepsilon_I^2(X_{G_1},t)\mathrm{d}t \\ W_R = \dfrac{A}{\rho C_0}\displaystyle\int_0^t \sigma_R^2(X_1,t)\mathrm{d}t = \dfrac{AE^2}{\rho C_0}\displaystyle\int_0^t \varepsilon_R^2(X_{G_1},t)\mathrm{d}t \\ W_T = \dfrac{A}{\rho C_0}\displaystyle\int_0^t \sigma_T^2(X_2,t)\mathrm{d}t = \dfrac{AE^2}{\rho C_0}\displaystyle\int_0^t \varepsilon_T^2(X_{G_2},t)\mathrm{d}t\end{cases} \tag{5-13}$$

式中，t 为应力波延续时间。

（二）75 mm 杆径 SHPB 试验装置

SHPB 试验装置的应力波发生装置由高压气罐、冲头发射机构、气压控制阀和气流控制开关组成。在 SHPB 冲击试验过程中，通过气压控制阀调节冲击气压或改变冲头行程，可以实现不同的冲头发射速度，从而改变加载速率。采用三维有限元和神经网络的冲头设计方法，根据应力波形反向设计所得冲头外形及尺寸数字特征加工了 75 mm 杆径 SHPB 试验装置对应的异形冲头，可实现岩石冲击测试中的半正弦应力波加载方式，如图 5-4 和图 5-5 所示。

为减小试件应力（特别是径向应力）的不均匀性，试件直径通常与弹性压杆的直径匹配[244]，故改变试件直径则意味着弹性压杆直径的相应调整。为此，本

图 5-3　75 mm 杆径 SHPB 试验装置

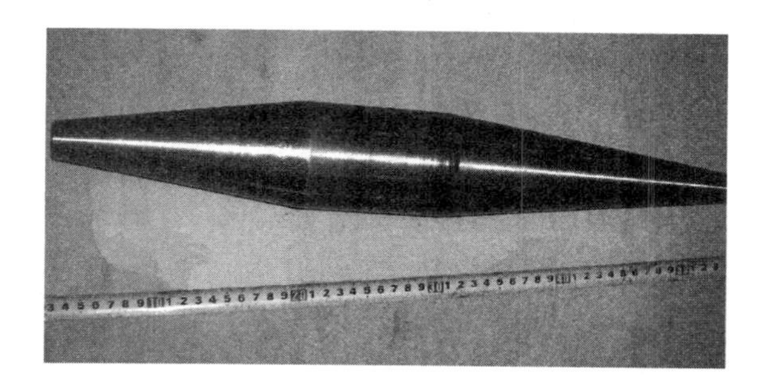

图 5-4　75 mm 杆径 SHPB 试验装置的异形冲头

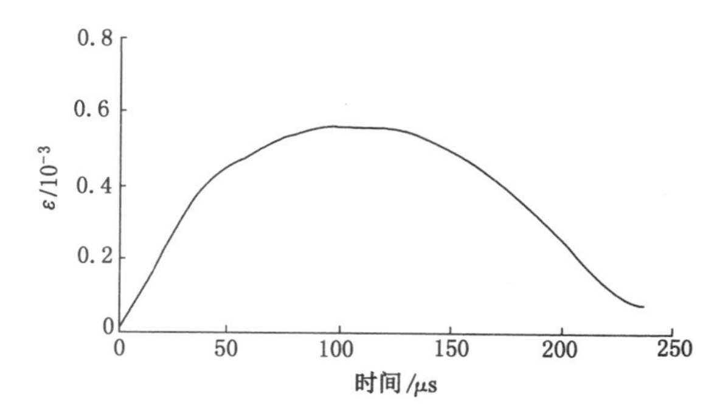

图 5-5　ϕ75 mm 异形冲头产生的典型加载应力波形

章试验中使用的冲头、入射杆、透射杆和吸收杆均采用 40Cr 合金钢，其弹性极限达 800 MPa，相关参数见表 5-2。

表 5-2　75 mm 杆径 SHPB 试验装置参数

弹性压杆直径 /mm	入射杆长度 /m	透射杆长度 /m	弹性模量 /GPa	纵波波速 /(m·s^{-1})	泊松比	发射腔气压 /MPa	密度 /(kg·m^{-3})
75	2.0	2.0	250	5 400	0.285	0～10.0	7 810

测试信号采集采用型号为 CS-1D 超动态应变仪及型号为 DL-750 的示波器，如图 5-6 所示。电阻应变片的型号为 B×120-2AA，栅长×栅宽为 2 mm×1 mm、电阻 120±0.2 Ω、灵敏系数 2.08±1 %。

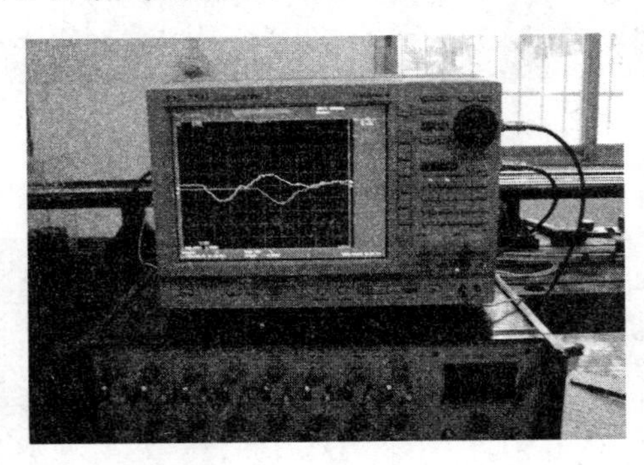

图 5-6　CS-1D 型超动态应变仪（其上为 DL750 型示波记录仪）

数据处理单元主要为基于 Visual C^{++} 平台自主开发的系统数据后处理软件-中南大学资源与安全工程学院冲击测试系统（ADTR1），可实现数据处理、结果输出的可视化简便操作，其主题界面如图 5-7 所示。

图 5-7　ADTR1 后处理软件主体界面

二、饱水砂岩试样制备

1. 关于岩石饱水的讨论

《水利水电工程岩石试验规程》(SL 264—2001)规定，对于遇水不崩解、不溶解和不干缩湿胀的岩石可采用煮沸法或真空抽气法对试样进行强制饱和。

(1) 煮沸法。煮沸时间不得少于 6 h，煮沸容器内的水面应始终高于试件，经煮沸的试件应放置在原容器中冷却至室温。

(2) 真空抽气法。真空压力表读数宜为 100 kPa，直至无气泡逸出为止；饱和试件的容器内的水面应高于试件，抽气时间不得少于 4 h，经真空抽气的试件应放置在原容器中在大气压力下静置 4 h。

张有天[214]认为，采用真空抽气法并不能使致密岩石达到饱和状态，并推导出岩样达到饱和(即岩样完全为水所充满)所需时间的计算公式：

$$T = \frac{L^2}{2kh_0} \tag{5-14}$$

式中，L 为岩样长度，cm；k 为岩样的渗透系数，cm/s；h_0 为压力水头，m。

设 $L = 5$ cm，$k = 1 \times 10^{-9}$ cm/s，$h_0 = 10$ m，代入上式可得 $T = 3\ 472$ h。可见用抽真空的方法使岩样在几个小时内达到饱和状态是不太可能的。

国内外许多学者的研究已确定了温度作用对岩石的物理力学性能产生很大影响[205]，较长时间的煮沸温度可能造成岩石某种程度的损害，进而导致岩石力学性质上的差异和偏差，因此煮沸法也是不妥的。这种强制饱和法在现场实际中极少碰到，自由吸水是岩石达到饱和的主要途径。

《水利水电工程岩石试验规程》(SL 264—2001)中自由吸水法的步骤：将试件放入水槽，首先注水至试件高度的 1/4 处，每隔 2 h 分别注水至试件高度的 1/2和 3/4 处后，6 h 后试件全部被水浸没，试件全部浸入在水中自由吸水时间需大于 48 h。

本书的饱水试样主要根据《水利水电工程岩石试验规程》(SL 264—2001)中自由吸水法进行制备的。考虑到工程实际中自然风干状态下的岩石较常见，故对饱水试样与自然风干试样的力学性能进行比较分析。

2. 试样制备

本章试验研究对象为贵阳市开阳磷业集团马路坪矿砂岩，岩样取自该矿三维地应力测量同一地段测点的 75 mm 直径钻孔岩芯。图 5-8 所示为部分 ϕ75 mm的砂岩岩芯。

将砂岩岩芯分别按静态力学试验和冲击动态试验试样制备。试件加工采用 DQ-4 型岩石切割机和 SHM-200 型双端面磨石机。根据静态力学性能测试要

图 5-8　三维地应力测量的 ϕ75 mm 的砂岩岩芯

求，将静态试样加工成直径为 75 mm、长度为 150 mm 的圆柱体，两端表面平行度在 0.05 mm 以内，表面平整度在 0.02 mm 以内。冲击试验中，为消除试样的惯性效应和端部效应[240]，惯性效应为 0 时试样的长径比约为$\sqrt{3}\mu/2$（μ 为试样泊松比），将冲击试样长径比控制在 0.5 左右，加工成 $\phi75\times37.5$ mm 的圆柱体，表面平行度和平整度与常规试样一样。

图 5-9　静态试验和冲击试验试样

加工好的试样自然风干后，为达到两种长径比岩石有较好的饱水效果，结合《水利水电工程岩石试验规程》(SL 264—2001)中自由吸水法的步骤：首先注水至试样的 1/3 高度处，12 h 后；然后将试样的 2/3 浸入，再过 12 h，浸入试样的全部长度，浸泡 30 d 后制成饱水试样；最后本次试验的自然风干和饱水常规静压试样各 3 个，自然风干和饱水冲击试样各 18 个。图 5-9 为未经过饱水处理的部分试样。

三、饱水砂岩试样物理特性及静态强度

对两种状态下的常规试样及冲击试样进行了尺寸量测、称重和弹性波速测试，同时比较了饱水前后砂岩试样外观尺寸、重量、弹性波速的差异。风干砂岩和饱水砂岩试样的物理特性指标见表 5-3。

表 5-3　风干砂岩和饱水砂岩试样的物理特性指标

试验类别	饱水状态	平均长度/mm	平均直径/mm	平均长径比	平均密度/($g \cdot cm^{-3}$)	平均弹性波速/($m \cdot s^{-1}$)
冲击试验	自然风干	38.34	73.99	0.52	2.708	4414
	饱水	39.65	73.83	0.53	2.721	4098
静载试验	自然风干	149.85	73.92	2.02	2.703	4537
	饱水	150.90	74.01	2.03	2.719	4242

为了对比分析静态和动态加载条件下饱水砂岩强度，在 200 t 量程的 INSTRON 1346 型电液伺服控制材料试验机上进行了自然风干和饱水砂岩的静态单轴抗压试验，加载应变率为 $10^{-5}s^{-1}$，如图 5-10 所示。

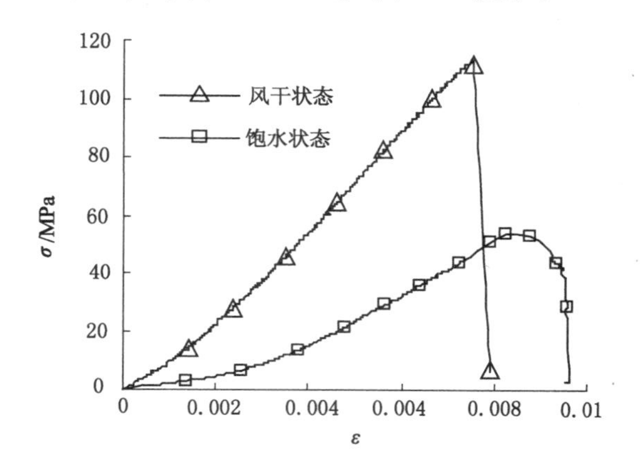

图 5-10　自然风干与饱水砂岩的静态应力-应变曲线

结果表明，自然状态砂岩的平均静态抗压强度为 118.1 MPa，饱水岩石的平均静态强度为 54.2 MPa。岩石的静态强度受水的影响很大，饱水砂岩的静态强度比自然风干状态的静态强度大幅度降低，这与目前的研究结论是一致的，李铀等[246]研究饱水花岗岩认为，饱水后试件的强度要降低 40%～80%。

自然风干和饱水砂岩试样的静载破坏形态，如图 5-11 所示。可以看出，自

然风干砂岩试样破坏裂缝与试样轴线基本平行,表现为竖向劈裂破坏,但饱水砂岩试样的破坏情况比较复杂,破坏裂缝与试样轴线呈平行、斜交和垂直三种形态,表现为劈裂与张剪等综合破坏形式。

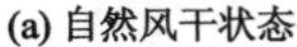

(a) 自然风干状态

(b) 饱水状态

图 5-11 砂岩试样静态压缩破坏形态

四、饱水砂岩冲击试验结果

在 ϕ75 mm 杆径 SHPB 试验中,既可揭示饱水岩石材料动态强度的特点,也可研究中等应变率加载条件下砂岩的动力特性。为此,首先得到饱水岩石和风干岩石在中等应变率范围内的强度特性,然后对比同应变率加载条件下两者的动态强度特性差异。

冲击试验过程中,饱水砂岩和自然风干砂岩每 3 个为一组,通过调整冲击气压和冲头行程改变加载速率,依次对每批试件实施加载速率从低到高的动态冲击试验。由于岩石材料固有的非均质性和系统误差,相同加载条件下,每个试件的真实应变率并不完全相同,故只能保证将其控制在一个相对较小的范围内。以每个试件的真实应变率及对应的动态强度进行统计,其试验结果如图 5-12 所示。

由于岩石类材料的非均质性,即使在试件选取和加工过程中严格控制,其 SHPB 试验结果离散性也很大,结合已有岩石材料动态特性的率依赖特性研究成果[247],对饱水和自然风干砂岩试件的动态强度-应变率试验结果按乘幂关系进行拟合,如图 5-12 所示。其拟合公式为:

$$\begin{cases} \sigma_s = 33.09\dot{\varepsilon}^{0.353} & \text{(饱和)} \\ \sigma_s = 55.93\dot{\varepsilon}^{0.171} & \text{(风干)} \end{cases} \tag{5-15}$$

由图 5-10 和图 5-13 可以看出,饱水砂岩具有如下特性:

(1) 饱水砂岩的静态曲线与动态曲线差别较大,动载条件下比静载条件下的应力应变关系曲线弹模明显大得多,如图 5-14 所示。

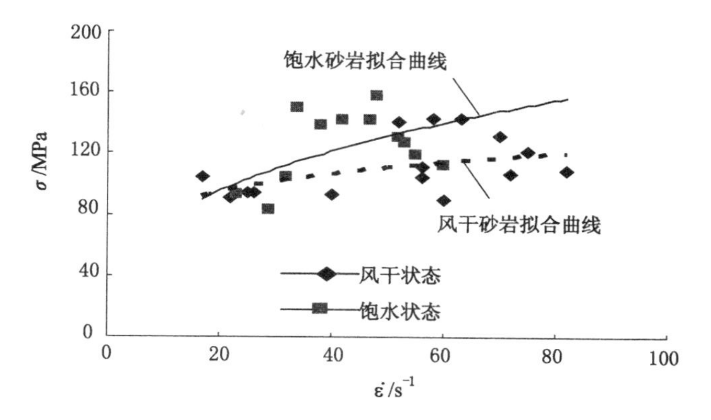

图 5-12　自然风干与饱水砂岩的动态强度与应变率关系

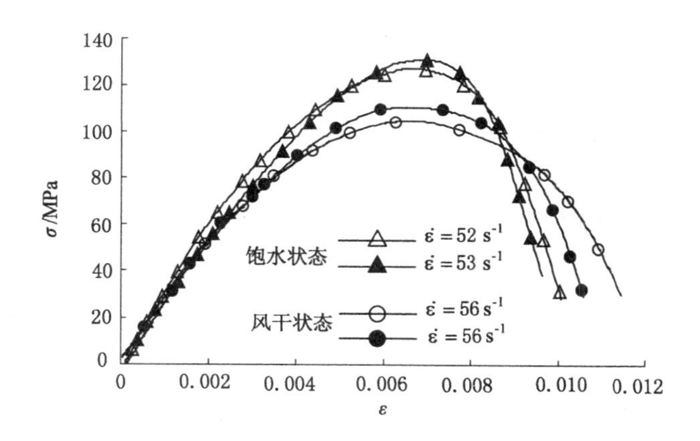

图 5-13　风干和饱水砂岩动态压缩应力-应变曲线

(2) 饱水砂岩动态曲线与自然风干砂岩的动态曲线形状相近，表明二者的动态强度相近。

(3) 中应变率条件下自然风干砂岩动态屈服应力(110.9 MPa)与其静态屈服应力(118.1 MPa)相近，饱水砂岩动态屈服应力(128.6 MPa)比其静态屈服应力(54.2 MPa)的结果可提高近 2 倍；饱水砂岩表现出比自然风干砂岩更强的应变率敏感性。

图 5-15、图 5-16 分别为图 5-13 对应岩石试样的冲击破坏形态。可以看出，在相同应变率下，相同状态的砂岩试样破坏程度相近，但自然与饱水砂岩试件压缩的破坏效果不同，自然风干砂岩受冲击破坏更为粉碎，其块度明显小于饱水岩石的，说明水对砂岩动态破坏效果也是有影响的。

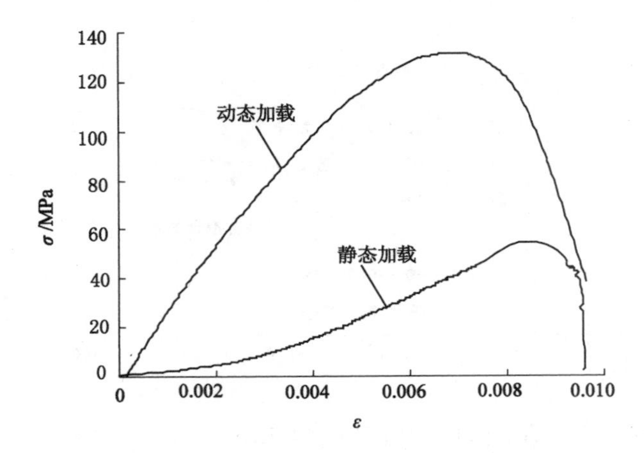

图 5-14　饱水砂岩静态和动态压缩应力-应变曲线

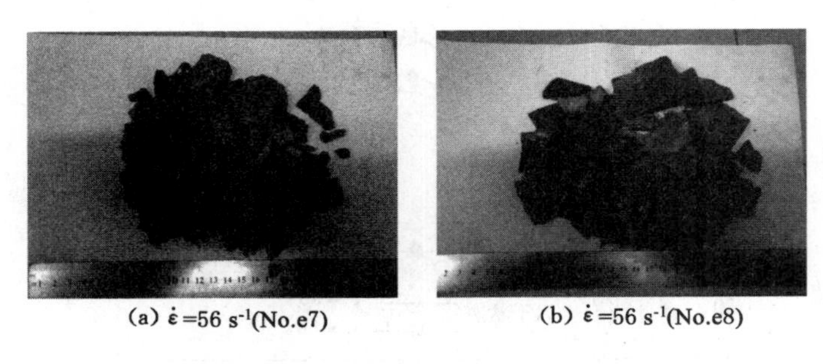

(a) $\dot{\varepsilon}$=56 s^{-1}(No.e7)　　(b) $\dot{\varepsilon}$=56 s^{-1}(No.e8)

图 5-15　自然风干砂岩冲击破坏形态

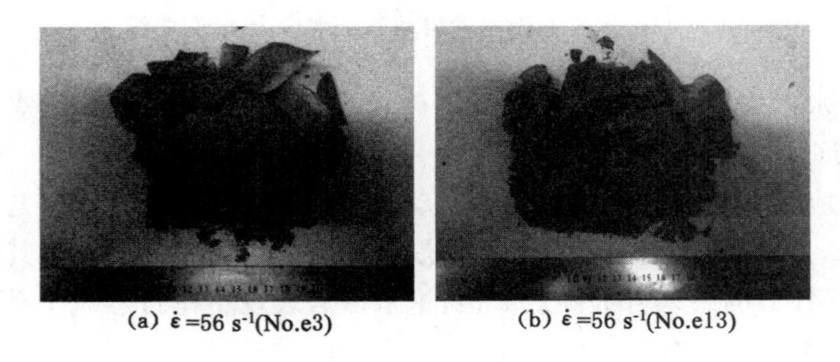

(a) $\dot{\varepsilon}$=56 s^{-1}(No.e3)　　(b) $\dot{\varepsilon}$=56 s^{-1}(No.e13)

图 5-16　饱水砂岩冲击破坏形态

第四节　饱水砂岩动态强度的细观力学分析

一、岩石全应力应变曲线的细观机制分析

众所周知，自然界中的岩石是一种存在着大量微观裂隙等缺陷的非均质不连续体。因为这些裂隙的存在，在水压力的作用下，水会渗透到岩石裂隙中，从而成为孔隙自由水，所以水是影响岩石力学性质的重要因素。诸如跨流域调水、水库、海峡隧道、受地下水影响的地下采矿等工程环境常常使得岩石处于水饱和状态，所以工程岩体在水渗流与应力相互作用下的变形、损伤破坏及稳定性是许多工程学科共同关心的课题[214]。关于饱水岩石力学性质的影响越来越被重视，霍金斯（Hawkins）和麦康奈尔（McConnell）[249]对 35 种砂岩的单轴抗压试验表明：饱水强度是干燥强度的 0.759 倍，受水岩化学作用和孔隙水压力等的影响，岩石遇水静态强度降低已成为工程地质学界不争的事实[250-251]。应该要看到，许多重大工程均要面临岩石动力学特性与动力稳定性问题，诸如地震、滑坡等地质灾害发生都涉及岩石类脆性材料的动态力学特性问题，饱水岩石动态强度研究日益受到关注。研究表明，岩石处于水饱和条件下的动态强度特性比静态条件有所改善。鲁宾（Rubin）等[252]和楼沩涛[50]的分离式霍布金森压杆试验研究表明，饱水花岗岩比干燥时更加难以拉断。葛洪魁[253]结合声波技术测得饱和砂岩静态与动态杨氏模量比值约为 0.6，从侧面反映出饱水砂岩动态强度大于其静态强度。前述饱水砂岩试验表明，动态加载条件下的饱水动态抗压强度与风干动态强度相近，这与静载条件下饱水砂岩强度降低的试验结果相反。可见，岩石处于水饱和条件下动态与静态强度特性存在差异，但这种差异从传统的宏观力学试验和理论分析是难以解释的。

细观力学方法以断裂力学理论为基础，能描述微裂纹的成核、扩展和汇合，并据此来反映材料的宏观力学性能的变化，适合研究含固有裂纹的岩石材料。岩石材料的宏观力学特性是材料内部细观力学特性的综合反映。宏观上根据岩石室内压缩试验获得应力-应变曲线来研究岩石单轴抗压强度是常用的方法，该宏观曲线的斜率变化与岩石细观裂纹演化存在对应联系。根据蔡美峰（Cai）等[254]、刘泉声等[255]的研究，随着外载荷的逐渐增大，图 5-17 给出与细观微裂纹扩展情况相对应的 4 个宏观特征应力：闭合应力 σ_{cs}、起裂应力 σ_{ci}、破损应力 σ_{cd}、峰值应力 σ_c（单轴抗压强度）。对于单轴荷载条件 F，该曲线通常分为为 5 个阶段：

(1) 加载初期，当 σ 增加达到 σ_{cs} 时，微裂纹压密，OA 段，岩石试件刚度逐渐

增大，岩石原生裂纹形状会被压密，甚至会完全闭合；

(2) 当 $\sigma_{cs} \leqslant \sigma < \sigma_{ci}$ 时，线弹性变形阶段，AB 段，岩石材料表现为理想弹性体。

(3) 当 $\sigma_{ci} \leqslant \sigma < \sigma_{cd}$ 时，微裂纹稳定扩展，BC 段，部分裂纹发生摩擦滑动和自相似扩展，出现翼形裂纹。

(4) 当 $\sigma_{cd} \leqslant \sigma < \sigma_c$ 时，微裂纹不稳定扩展，CD 段，翼形裂纹的扩展方向趋向于外力加载方向，逐渐扩展到临界长度，相邻微裂纹将迅速串接为连续裂纹。

(5) 当 $\sigma > \sigma_c$ 时，微裂纹失稳扩展，DE 段，出现宏观裂缝带，岩石发生破坏，干燥岩石易出现劈裂破坏模式，含水岩石破坏模式较复杂，表现为拉剪或压剪破坏模式[256]；因贯通裂缝的结构效应，破裂的岩石具有残余强度。

研究表明，动态加载条件不会改变岩石破裂的这种基本模式，同时饱水岩石和干燥岩石破坏都可归结为内部裂纹的起裂、扩展和连通[48,256]。

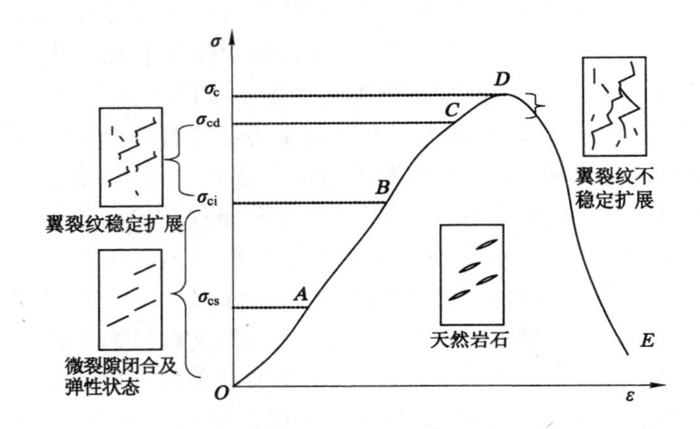

图 5-17　岩石全应力-应变曲线的细观机制分析

二、岩石裂纹静、动态断裂准则

岩石裂纹断裂准则中常用的基本参量是应力强度因子和断裂韧度，这两个量控制着静态或动态断裂过程的发生和发展。在外载荷作用之下，当岩石内部固有裂纹应力强度因子达到材料的断裂韧度时，固有裂纹开始扩展，直到岩石材料宏观上发生破坏。

对于岩石类材料一般简化为 Ⅰ 型断裂问题，不考虑亚临界状态，在静载荷作用下的裂纹扩展准则：

$$K_{\mathrm{I}}^{s} = K_{\mathrm{IC}}^{s} \tag{5-16}$$

式中，K_{I}^{s} 为裂纹的静态应力强度因子，K_{IC}^{s}为材料的静态断裂韧度。

在动载荷作用下，常用的裂纹扩展准则：

$$K_{\mathrm{I}}^{d} = K_{\mathrm{IC}}^{d} \tag{5-17}$$

式中，K_{I}^{d} 为裂纹的动态应力强度因子；K_{IC}^{d}为材料的动态断裂韧度。

动态断裂问题相对复杂，动态应力强度因子的大小除与裂纹尺寸和远场应力有关外，还是时间的函数，涉及复杂的非线性运动边界问题，处理上非常复杂，目前尚无统一的数学理论[257]。一种常用的近似方法是将动态应力强度因子表示为静态应力强度因子的函数[258]。

$$K(t) = k(v)\ K(0) \tag{5-18}$$

式中，$K(t)$为裂纹扩展速度为 v 时的动态应力强度因子；$K(0)$为 K 的静态值；$k(v)$为一个普适的、与裂纹几何形状无关的速度影响系数。

$$k(v) = \frac{1 - v/C_{\mathrm{r}}}{(1 - v/C_{\mathrm{p}})^{1/2}} \tag{5-19}$$

式中，C_{r} 为介质的瑞利波波速；C_{p} 为介质的纵波波速。

裂纹动态扩展与静态扩展的区别，从能量的角度说，是由动载引起的惯性力产生动能，进而导致裂纹按速度 v 作动态扩展。当 $v = 0$ 时，$k(v) = 1$；当裂纹的扩展速率达到极限速率即材料的瑞利波波速 C_{r} 时，$k(v) = 0$ 。

研究过程中，$k(v)$ 值常用以 C_{r} 相关的近似表达式[259]，考虑到介质纵波波速 C_{p} 在岩石研究中应用更广泛，采用 C_{p} 相关的 $k(v)$ 近似计算应该更方便些。纵波波速 C_{p} 和瑞利波波速 C_{r} 与介质的弹性性质存在如下关系[260]：

$$C_{\mathrm{p}} = \sqrt{\frac{E(1-\mu)}{\rho(1+\mu)(1-2\mu)}} \tag{5-20}$$

$$C_{\mathrm{r}} = \frac{0.87 + 1.12\mu}{1+\mu}\sqrt{\frac{E}{2\rho(1+\mu)}} \tag{5-21}$$

式中，E 为弹性模量；ρ 为材料介质密度；μ 为泊松比。

则可：

$$C_{\mathrm{r}} = \frac{0.87 + 1.12\mu}{1+\mu}\sqrt{\frac{1-2\mu}{2(1-\mu)}}C_{\mathrm{p}} \tag{5-22}$$

根据式(5-22)可得 $C_{\mathrm{r}}/C_{\mathrm{p}}$ 随泊松比变化的关系曲线，如图 5-18 所示。

当 $\mu=0.25$ 时，$C_{\mathrm{r}}=0.531C_{\mathrm{p}}$，代入式(5-19)可得：

$$k(v) = \frac{1 - 1.88v/C_{\mathrm{p}}}{(1 - v/C_{\mathrm{p}})^{1/2}} \tag{5-23}$$

根据式(5-23)可得 $k(v)$ 随裂纹扩展速度 v 变化的关系曲线，如图 5-19 所示。实测砂岩纵波速度 C_{p} 为 4 500 m /s。

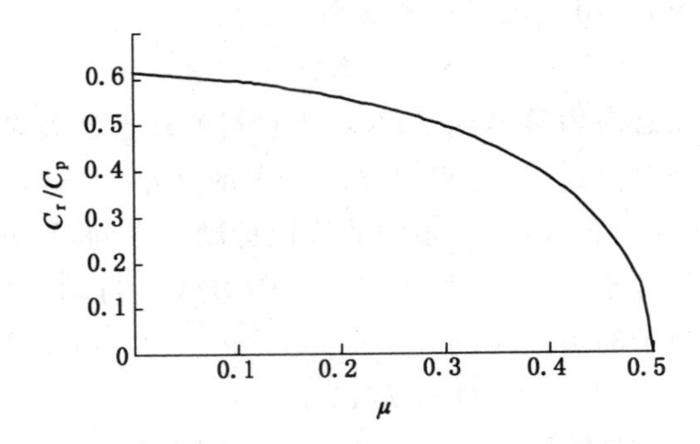

图 5-18　C_r/C_p 与泊松比的关系曲线

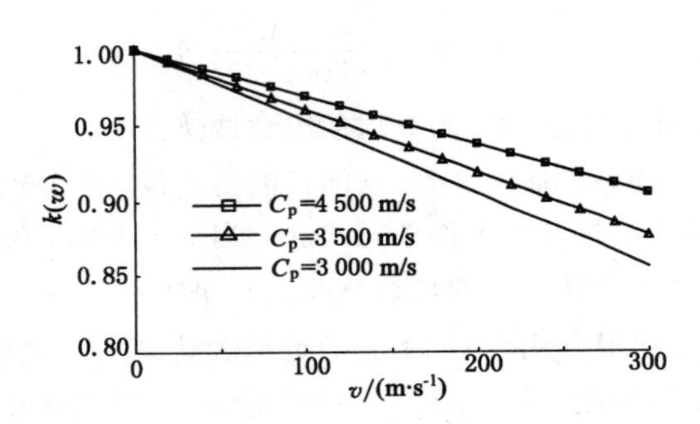

图 5-19　$k(v)$ 与裂纹扩展速度的关系曲线

三、风干岩石静态和动态应力强度因子

岩石内部存在大量的缺陷(微观的或宏观的裂隙),因为这些缺陷的存在,使得岩体有很多方面性质(抗压、抗拉、弹性模量等)表现出各向异性。岩体内裂纹一般呈三维随机分布,为研究方便起见,可简化为平面问题分析:以平面穿透闭合单裂纹为研究对象,初始微裂纹的长度为 2α,与水平方向的夹角为 β,如图 5-20所示,探讨单轴压缩条件下水对岩石静态和动态断裂的影响。

根据断裂力学理论[257],在静态远场压应力作用下,图 5-20(a)初始裂纹尖端应力强度因子为:

$$K_{\mathrm{I}}^{a}=\sigma_a\sqrt{\pi a},\quad K_{\mathrm{II}}^{a}=\tau_a\sqrt{\pi a} \tag{5-24}$$

式中,σ_a 和 τ_a 分别为裂纹面上的正应力和剪应力。

单轴压缩条件下的正应力和剪应力为

$$\begin{cases}\sigma_a=\sigma_1\sin^2\beta\\ \tau_a=\sigma_1\cos\beta\sin\beta\end{cases} \tag{5-25}$$

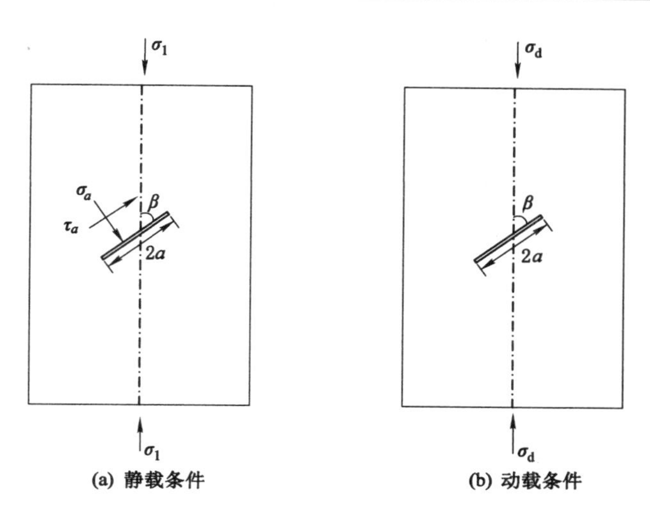

图 5-20　应力强度因子计算图

断裂力学中规定拉为正、压为负，与岩石力学规定相反，假定压应力为正，裂纹面既有正应力，又有剪应力，初始裂纹扩展失稳属于Ⅰ-Ⅱ复合型。

由式(5-18)得图 5-20 (b)动载 σ_d 作用下初始裂纹节理尖端动态应力强度因子

$$\begin{cases} K_{\mathrm{I}}^{\mathrm{d}} = \sigma_{\mathrm{d}} k_{\mathrm{I}}(v) \sqrt{\pi a} \sin^2\beta \\ K_{\mathrm{II}}^{d} = \sigma_d k_{\mathrm{II}}(v) \sqrt{\pi a} \cos\beta \sin\beta \end{cases} \tag{5-26}$$

当主裂纹尖端起裂后，主裂纹尖端将形成拉伸的翼裂纹，翼裂纹的扩展是个非常复杂的过程，一般将其简化为Ⅰ型断裂问题。图 5-21 为压缩荷载下滑动裂纹模型被广泛用来描述岩石类脆性材料的非弹性膨胀及破坏机制。在外载荷 σ_1 作用下，当沿主裂纹面的剪应力大于裂纹面间的摩擦阻力，主裂纹面将相互滑动而引起裂尖应力集中，进而使裂尖附近翼形裂纹萌生和扩展。翼形裂纹生长会造成裂尖的应力强度因子 K_{I} 相应减小，此时若外载荷 σ_1 不再增加，翼裂纹将达到稳定状态。当外载荷 σ_1 继续增加，裂尖应力强度因子随之增大，当它达到或超过临界值 K_{IC} 时，翼裂纹将继续生长，且逐渐偏向与主压应力方向一致[261]。

引入由哈瑞(Horri)和纳马特·纳塞尔(Nemat-Nasser)[261]给出的计算应力强度因子的近似公式，则单轴压缩条件下翼裂纹尖端的静态应力强度因子为：

$$K_{\mathrm{I}}^{\mathrm{a}} = \frac{2a\tau_{\mathrm{eff}}^{\mathrm{a}} \sin\theta}{\sqrt{\pi(l+l^*)}} - \sigma_n^{\mathrm{a}} \sqrt{\pi l} \tag{5-27}$$

式中，l^* 为 Horri 和 Nemat-Nasser 的解析解而引入的当量裂纹长度，$l = 0.27\ a$；τ_{eff} 和 σ_n 分别为主裂纹面上的剪应力和翼裂纹面上的法向应力。

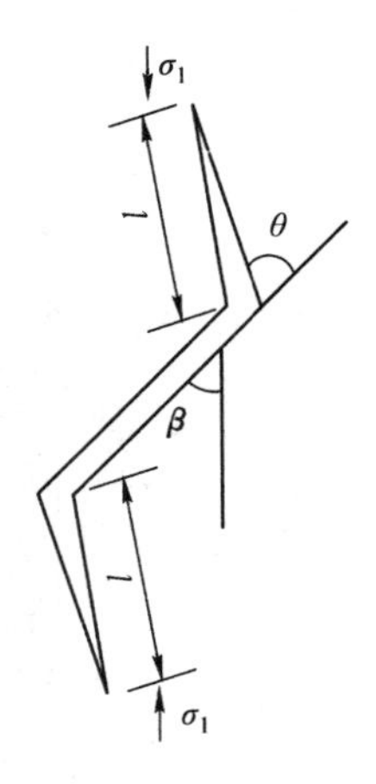

图 5-21　滑动裂纹模型[261]

$$\tau_{\mathrm{eff}}^{\mathrm{a}} = \sigma_1 \sin\beta\cos\beta - f^{\mathrm{a}} \cdot \sigma_1 \sin^2\beta \tag{5-28}$$

$$\sigma_n^{\mathrm{a}} = \sigma_1 \sin^2(\beta + \theta) \tag{5-29}$$

式中，f^{a} 为裂纹面的静摩擦因数。

由式(5-18)，单轴压缩条件下翼裂纹尖端的动态应力强度因子可表示为：

$$K_{\mathrm{I}}^{\mathrm{d}} = k_{\mathrm{I}}(v)\left(\frac{2a\tau_{\mathrm{eff}}^{\mathrm{d}}\sin\theta}{\sqrt{\pi(l+l^*)}} - \sigma_n^{\mathrm{d}}\sqrt{\pi l}\right) \tag{5-30}$$

其中

$$\tau_{\mathrm{eff}}^{\mathrm{d}} = \sigma_{\mathrm{d}} \sin\beta\cos\beta - f^{\mathrm{d}} \cdot \sigma_{\mathrm{d}} \sin^2\beta \tag{5-31}$$

$$\sigma_n^{\mathrm{d}} = \sigma_{\mathrm{d}} \sin^2(\beta + \theta) \tag{5-32}$$

式中，f^{d} 为裂纹面的动摩擦因数。

四、水对断裂应力强度因子的影响

与同条件下的风干砂岩相比，饱水砂岩的细观结构中含自由水相。因此，饱和砂岩静力、动力压缩强度的不同变化主要与裂纹中的自由水有关，且在不同的加载速率下，自由水对裂纹面有着不同的作用力。由于假定岩块本身不导水，则断裂分析需要考虑裂纹面的有效应力。无论自然风干岩石还是饱水岩石，在单轴压缩静载作用下，它们的破坏一般都将经历孔隙裂隙压密、弹性变形和微裂纹成核、微破裂稳定发展 3 个阶段。对于动态加载条件下，增加加载的应变率不会改变岩石破裂的这种基本模式[48,262]。饱水岩石在微破裂稳定发展阶段会出现非弹性变形和体积膨胀，这为孔隙中的自由水的破坏作用产生影响。

1. 饱水岩石静态断裂应力强度因子

在准静态加载模式下，由于翼裂纹扩展的速度相对于试验加载的速度要快得多，饱和流体有足够的时间向扩容裂隙扩散，同时自由水在扩容裂隙中产生类似“虹吸”的效应达到裂纹的尖端，裂缝中的自由水类似于楔体的楔入作用促使裂纹异向张开，促进了混凝土中损伤的发展，此时翼裂纹有向外挤压的应力 p_w^a，如图 5-22 所示；并在一定程度上可润滑裂隙接触面，此时裂纹表面的摩擦系数为 $f_w^a = f(w,t)$ [263]，其中 w 为含水率，t 为岩体浸水时间。

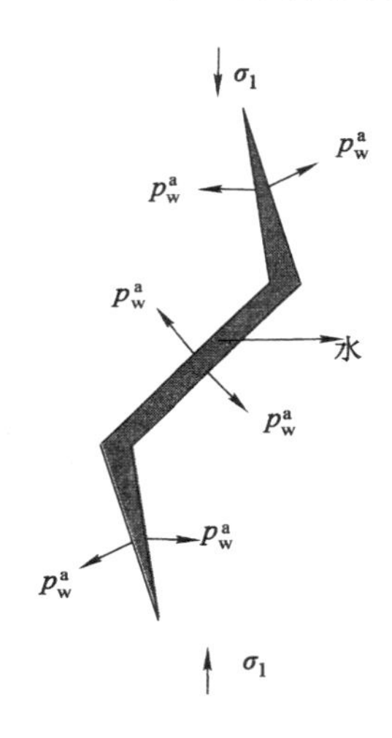

图 5-22　静载条件下自由水对裂纹表面的作用力

此时含自由水的翼裂纹尖端静态应力强度因子：

$$K_{\mathrm{I\,w}}^{a} = \frac{2a\tau_{\mathrm{eff,w}}^{a}\sin\theta}{\sqrt{\pi(l+l^{*})}} - \sigma_{n,\mathrm{w}}^{a}\sqrt{\pi l} \tag{5-33}$$

其中

$$\tau_{\mathrm{eff,w}}^{a} = \sigma_1 \sin\beta\cos\beta - f_{\mathrm{w}}^{a}\cdot(\sigma_1 - p_{\mathrm{w}}^{a})\sin^2\beta \tag{5-34}$$

$$\sigma_{n,\mathrm{w}}^{a} = \sigma_1\sin^2(\beta+\theta) - p_{\mathrm{w}}^{a} \tag{5-35}$$

式中，f_w^a 为含水条件下裂纹面的静摩擦因数。

比较式(5-27)和式(5-33)可知，静态条件下含自由水的翼裂纹尖端静态应力强度因子比风干的要大，在相同的静态断裂韧度下，饱水砂岩的静抗压强度小于风干砂岩静力抗压强度。

2. 饱水岩石动态断裂应力强度因子

大量冲击破裂理论与试验研究表明：岩石是在裂纹尖端的拉应力作用下破坏的[48]，在动态加载条件下，裂纹动态扩展的速度比静态扩展速度要快，岩石中的流体已无法在瞬间扩散到扩容裂隙中，受自由水表面张力的影响，水在裂纹面作形成阻碍裂纹扩展的黏聚力 F，导致饱水岩石在较高强度下破裂。王海龙[219]在饱和混凝土的研究中认为自由水表面张力形成的黏聚力 F 可表示为：

$$F = \frac{V\gamma}{2\rho^2 \cos\theta} \tag{5-36}$$

式中，V 为液体的体积；γ 为表面能；θ 为湿润角；ρ 为水的弯月面的半径。

张单(Zheng)等[264]与罗西(Rossi)等[265]研究了自由水对湿混凝土动态断裂强度的影响，在动态加载条件下湿混凝土强度提高的原因可由物理学中的斯特凡(Stefan)效应来解释。斯特凡效应认为，在两半径为 r 的平行圆形平板中间如果有黏性液体存在，如图 5-23 所。由于黏性液体是不可压缩的，当两平板以相对速度 $\mathrm{d}v/\mathrm{d}t$ 分离时，会产生一个反力 F' 来阻止平板间的分离。阻力 F' 可表示为[264]：

$$F' = \frac{3\eta r^4}{2\pi h^3} \cdot \frac{\mathrm{d}v}{\mathrm{d}t} \tag{5-37}$$

式中，η 为液体的黏度，Pa·s；h 为两圆形平板的间距。

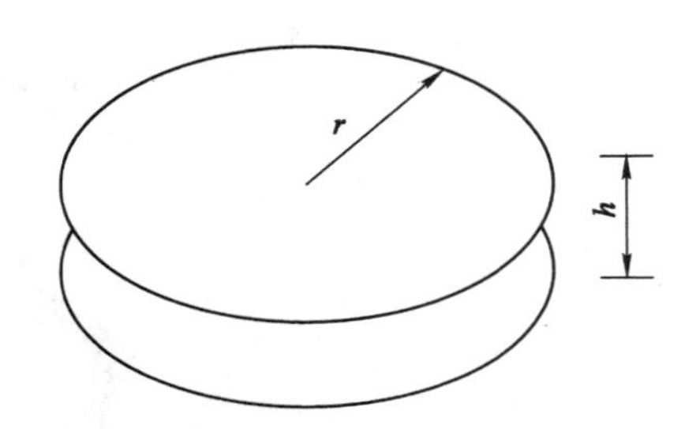

图 5-23 斯特凡效应[264]

在动态条件下，裂纹的扩展速率较快，此时饱水岩石的斯特凡效应可阻碍其断裂破坏。

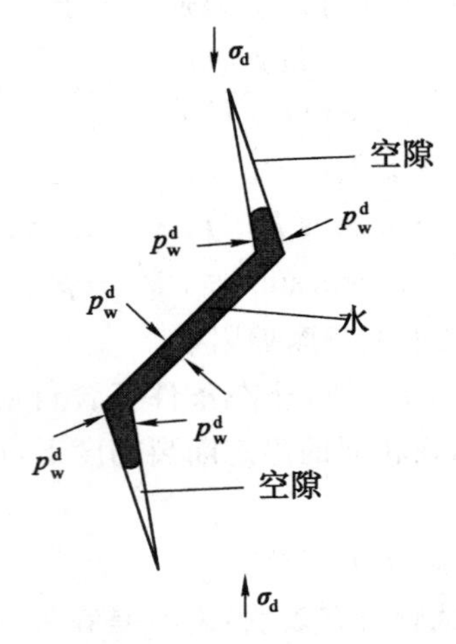

图 5-24 动载条件下自由水对裂纹表面的作用力

由式(5-36)和式(5-37)可以确定图 5-24 中阻碍断裂破坏的应力,则：

$$p_{w}^{d}=(F+F')/A \tag{5-38}$$

式中,A 为裂纹含水面积。

由式(5-38)可知,含自由水的翼裂纹尖端的动态应力强度因子可表示为：

$$K_{\mathrm{I\,w}}^{d}=k_{\mathrm{I}}(v)\left(\frac{2a\tau_{\mathrm{eff,w}}^{d}\sin\theta}{\sqrt{\pi(l+l^{*})}}-\sigma_{n,w}^{d}\sqrt{\pi l}\right) \tag{5-39}$$

其中

$$\tau_{\mathrm{eff,w}}^{d}=\sigma_{d}\sin\beta\cos\beta-f_{w}^{d}\cdot(\sigma_{1}+p_{w}^{d})\sin^{2}\beta \tag{5-40}$$

$$\sigma_{n,w}^{d}=\sigma_{d}\sin^{2}(\beta+\theta)+\xi p_{w}^{d} \tag{5-41}$$

式中,ξ 为表征翼裂纹面含水面积与其总面积之比[266]；f_{w}^{d} 为水条件下的动摩擦因数。

比较式(5-30)和式(5-39)可知,动态条件下含自由水的翼裂纹尖端动态应力强度因子比风干的要小,在相同的动态断裂韧度下,饱水砂岩的动抗压强度应大于风干砂岩动抗压强度。但是,由于水对岩石的化学侵蚀等损伤会在某一程度上减弱饱水岩石的动态强度,故实验测得的动态强度结果往往离散性很大。

通过以上分析可知,自然风干与饱水砂岩动静态压缩破坏形式的明显反差,表明在动态加载条件下水对岩石破坏过程起着决定性作用。

本章小结

本章对静态加载与动态加载进行了区分,研究了饱水岩石中应变率加载的实现途径,将中应变率加载与岩石饱水状态相结合进行研究,在自行改进研制的 75 mm 杆径 SHPB 试验装置上,研究了开阳磷矿砂岩自然风干和饱水状态下中等应变率范围内动态破坏特征的差异,这对遇水岩石在工程中的强度设计有一定的参考价值;同时还探讨了饱水砂岩动态破坏的机制。

主要研究结论有以下几点：

(1) 采用煮沸法或真空抽气法对岩石试样进行强制饱和是不妥的,这些强制饱和在现场实际中极少碰到,还可能造成岩石某种程度的损害,因此,宜采用自由吸水法进行制备饱水岩样。

(2) 冲击载荷作用下饱水砂岩的应力-应变关系不同于其静态应力-应变关系,饱水砂岩动态强度与风干砂岩的动态强度相近,应变率效应明显,这与静载条件下饱水岩石强度降低的研究结果相反。

(3) 中应变率加载条件下,自然风干砂岩动态屈服应力与其静态相近,饱水砂岩动态屈服应力比其静态下的结果可提高近 2 倍,表现出比风干岩石更强的应变率敏感性，水对砂岩动态破坏效果有影响，自然风干砂岩比饱水砂岩受冲击破坏更为严重，冲击后的风干岩块更为破碎。

（4）动态条件下含自由水的翼裂纹尖端动态应力强度因子比风干的要小，在相同的动态断裂韧度下，不考虑水对岩石的物理化学损伤时，饱水砂岩的动抗压强度应大于风干砂岩动抗压强度。在冲击载荷下，饱水砂岩中自由水的黏聚力及斯特凡效应能阻碍其断裂破坏，这是影响饱水砂岩动态强度的关键因素。

第六章　水防治巷道岩爆的静、动力学机制

第一节　引　　言

岩爆防治的措施与手段很多,但常用的岩爆防治方法则是向岩爆硐室围岩喷射高压水或钻孔注水。水防治岩爆的方法是根据众多岩爆实录提出的,因为发生岩爆的硐室岩石通常是干燥无水的情况[45]。张艳博等[168]对开圆孔的大理岩岩块施加双向压力,模拟了含水与干燥两种情况下的岩爆,发现含水之后大理岩岩爆剧烈程度有所降低。可见,岩体遇水作用后,会引起其某些物理和力学等性质的改变。水对岩体的影响归纳起来有两种作用:一是水对岩体的力学性质的影响,主要表现在静载作用下的强度降低和动载作用下的强度增高(见第五章),但从岩爆角度来研究动载作用力学效应的文献极少;二是水对岩体的物理与化学作用,包括软化与溶蚀作用,这种作用的结果造成岩体性状逐渐恶化,致使岩体发生变形、失稳和破坏。目前,水对岩爆防治的理论基础主要是基于水损伤、水软化等静力学理论研究,往往存在局限性。因为对于处于高地应力的硬岩,岩体内裂隙受到注水的润滑作用可能触发引起“地震”,难以起到软化围岩的作用;对于已含水的顶板,其水体的流失会导致冲击地压[267];同时,发生岩爆的岩石通常表现为低渗透性,水较难进入岩石结构体中,因而不易达到软化围岩的效果。岩爆发生涉及岩石动力学与岩石静力学两方面的范畴[52],水防治岩爆也存在动力学方面的原因。目前,从饱水岩石静力学与动力学加载试验的角度进行巷道岩爆防治研究的报道还不多,同时水防治岩爆动力学机制研究也极少。

一般认为,岩爆是硬脆完整岩体开挖后急速释放弹性变形能的动力破坏现象,是一种典型的脆性失稳破坏,并在宏观上主要表现为从完整的硬脆围岩表面开始到围岩内部,往往由张性破裂向剪切破裂演化[10]。相应地,奥特莱普(Ortlepp)和斯泰西(Stacey)[268]、冯涛等[269]认为,岩爆发生是由微观断裂到突发宏观尺度断裂的物理过程,在考虑硐室表面的受力状态和岩体的破裂特征后,他们提出了层裂屈曲型岩爆。目前,已有较多学者在屈曲型岩爆方面做了大量的研究工作:左宇军等[39]建立了硐室层裂屈曲岩爆的突变模型;周辉等[270]研究表明,相对完整岩体的板裂化破坏所体现的脆性破坏形式是岩爆的一种前兆破

坏，与岩爆的发生密切相关；宫凤强等[271]利用大尺寸岩石真三轴岩石试验系统对含贯穿圆形孔洞的立方体红砂岩试样进行深部圆形隧洞板裂屈曲型岩爆的模拟试验研究。层裂屈曲型岩爆表现为一种渐进式的伴有岩块弹射的板裂脆性破坏，经历了“劈裂成板—剪断成块—块片弹射”的过程[269-270]，如图 6-1 所示。

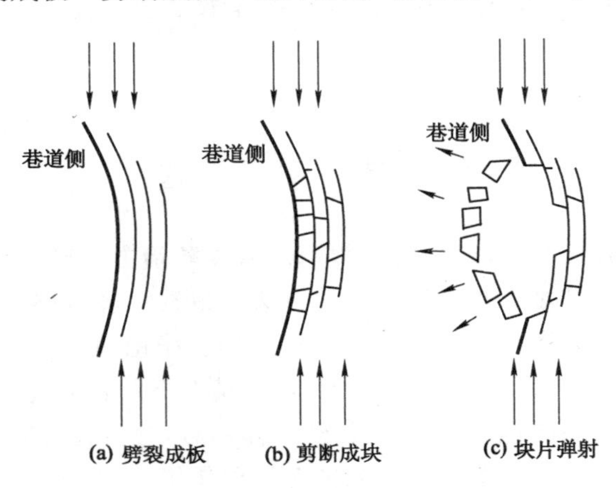

图 6-1　层裂曲屈型岩爆演化模型

本章以贵阳市开阳磷业集团马路坪矿岩爆砂岩巷道为研究对象，在第五章饱水砂岩 SHPB 试验研究的基础上，探讨水防治巷道层裂屈曲岩爆的静力学与动力学机制。

第二节　水防治巷道岩爆的静力学机制

一、水降低岩石静态强度并增大其变形量

按莫尔-库仑准则，干燥岩石单轴抗压强度 R_d 与黏聚力 c、内摩擦角 φ 有如下关系[214]：

$$R_d = \frac{2c\cos\varphi}{1-\sin\varphi} \tag{6-1}$$

当岩石内有孔隙水压力 p_w 时，经按有效应力推导，其单轴湿抗压强度 R_w 为

$$R_w = R_d - \frac{2p_w\cos\varphi}{1-\sin\varphi} \tag{6-2}$$

由式(6-1)和式(6-2)可知，只要 p_w 不为零时，岩石含水抗压强度恒小于岩石干抗压强度。

关于水对岩石的静态强度的影响，已经被在实验室不同种类岩石进行的不

同浸水和不同浸泡时间的大量试验研究所证实。岩石试样浸水随岩体含水率增加，孔隙率和泊松比增大，但其强度和弹性模降低。赵阳升[272]对煤样浸水软化特性进行了试验研究，见表6-1。

表6-1　抚顺龙凤矿煤样浸水后特性[272]

煤层	抗压强度/MPa		弹性模量/GPa		泊松比	
	自然	饱水	自然	饱水	自然	饱水
三分层	10.4	7.91	1.93	1.07	0.25	0.35
四分层	11.73	7.91	3.21	1.07	0.30	0.28
五分层	14.6	12.3	3.31	1.43	0.28	0.35
六分层	17.8	8.41	2.42	0.61	0.30	0.40

由图5-10可以看出，马路坪矿砂岩饱水前后岩样变形特征有显著差异，未浸水的岩样呈现出突然的脆性破坏特征，而浸水的岩样变形曲线呈现较大的压缩性能，比未浸水的岩样变形明显“塑化”，变形量增大。

二、水能降低岩石岩爆倾向性

能量观点认为水化学腐蚀作用在岩石的腐蚀损伤过程中，使岩体的内聚能减少，降低岩体粘结力，破坏岩体微观力学结构，使得岩体达到最低的能量状态。岩体损伤的力学效应就是水化学的循环腐蚀作用使得岩体内部或裂隙尖端的微观裂隙将会扩大，即导致起裂纹扩展[273-274]。

为反映水致弱化，可引入一个水致弱化函数[275-276]

$$g(\zeta)=(l-R)(1-\zeta)^2+R \tag{6-3}$$

式中，ζ 为含水量；$g(\zeta)$ 为单调下降的函数，在干燥情况下，$\zeta=0$，$g(\zeta)=1$；在饱和情况下，$\zeta=1$，$g(1)=R<1$；R 为饱和时的强度分数。

由于孔隙水导致岩体强度部分丧失，则某含水量岩体抗剪切强度 τ_w 为：

$$\tau_w=\tau_d g(\zeta) \tag{6-4}$$

式中，τ_d 为干燥状态下岩石的抗剪切强度。

假设岩爆发生于剪力峰值点，则剪切型岩爆释放的弹性能量 U 为：

$$U=\frac{1}{2}\tau_d g(\zeta)Ad_w \tag{6-5}$$

式中，A 为剪切面积；d_w 为剪力峰值所对应的位移。

由式(6-5)可见，含水量越大，剪切型岩爆释放的弹性能量越小。殷有泉等[275]的研究结果也表明了相同的观点，即由于水的渗入，导致地震释放能量值减小。

通过对马路坪矿砂岩的自然状态与饱水状态条件下静载试验结果表明，遇水后由于岩石的结构发生改变，导致强度下降，变形特性明显“塑化”；岩体积聚弹性能的能力下降，以塑性变形方式消耗弹性能的能力增加；岩体的冲击倾向大为减弱，甚至完全失去冲击能力。表 6-2 为马路坪矿砂岩冲击能指数在自然状态与饱水状态下的比较。

表 6-2　马路坪矿砂岩自然状态与饱水状态冲击能指数

岩性	冲击能指数	
	自然风干状态	饱水状态
砂岩	20.85	7.92

三、水能使围岩支承应力峰值内移

巷道围岩遇水软化会使围岩二次应力分布发生明显变化。以马路坪矿三心拱砂岩巷道为研究对象，采用降低围岩的弹性模量的方法来表示围岩软化，自然风干砂岩的弹性模量为 22 GPa，遇水软化砂岩的弹性模量为 11 GPa，施加的边界压力垂直方向 1.78 MPa，水平方向 4.95 MPa。通过 ANSYS 软件进行数值模拟三心拱巷道围岩遇水软化后二次应力的分布规律，得到如图 6-2 所示三心拱砂岩巷道围岩自然风干与遇水不同程度软化后的二次应力分布变化云图。

为对比三心拱砂岩巷道围岩自然风干与遇水不同程度软化后的围岩内部二次应力的变化情况，选取距离底板 1 m 高的位置进行分析，如图 6-3 所示。图 6-4为砂岩巷道围岩自然风干与遇水不同程度软化后的支承压力曲线的变化情况。表 6-3 为马路坪矿三心拱砂岩巷道围岩自然风干与遇水不同程度软化后峰值应力的大小和位置的比较。

表 6-3　马路坪矿三心拱砂岩巷道自然状态与遇水软化状态应力的比较

岩石状态	峰值应力/MPa	与巷道壁的距离/m
自然风干状态	2.48	1.50
遇水软化 0.5 m 时	2.47	1.56
遇水软化 1.0 m 时	2.45	1.93
遇水软化 1.5 m 时	2.40	2.33

通过图 6-4 和表 6-3 可以看出，巷道围岩遇水软化后，峰值应力明显减小，

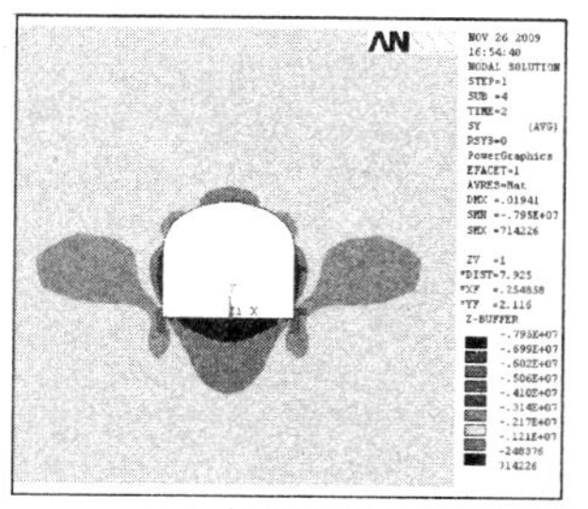

(a) 自然风干状态

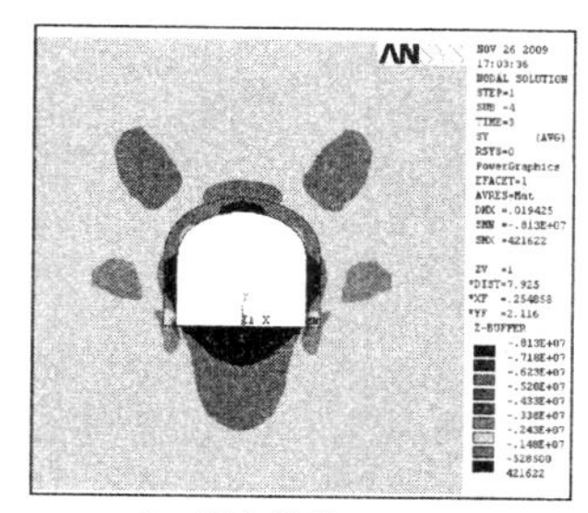

(b) 遇水软化0.5 m

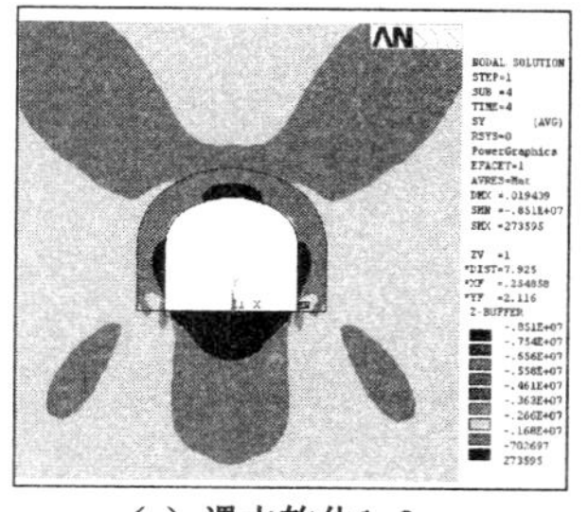

(c) 遇水软化1.0 m

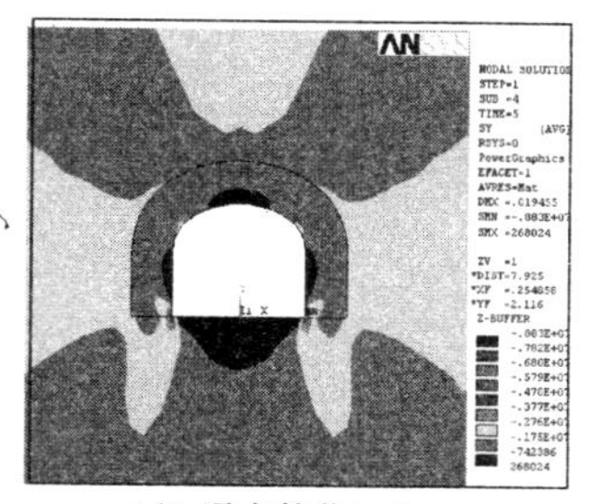

(d) 遇水软化1.5 m

图 6-2　马路坪矿三心拱巷道围岩垂直应力云图

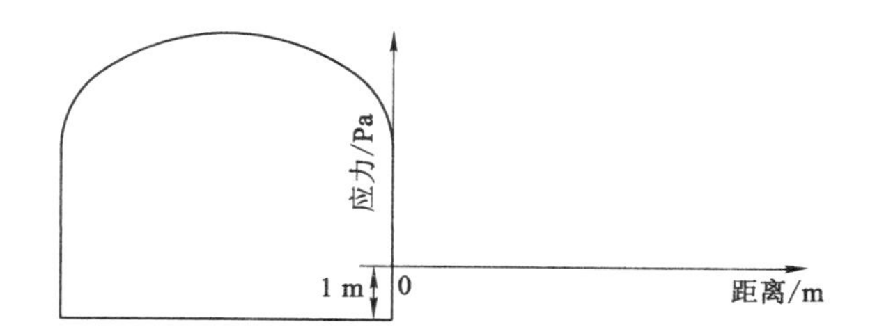

图 6-3　围岩内部支承应力比较的位置

峰值位置向岩体深部转移，这样能有效降低岩爆发生的概率和等级。

由图 6-4 可以看出，随着水软化岩层深度的增加，水软化层表现出一定的承载能力，软化岩层厚度为 1.5 m 时，其峰值距离巷道壁为 1 m。这表明，第三章对时变结构组成部分的软化区承载描述是正确的。如果水软化岩层深度足够大，则巷道围岩的支承压力完全由软化岩层来承担。

四、水改变了砂岩静态破坏特征

自然风干和饱水砂岩试样的单轴静载压缩典型破坏形态，如图 5-11 所示。可以看出，自然风干砂岩试样静态破坏裂缝与试样轴线基本平行，表现为劈裂张

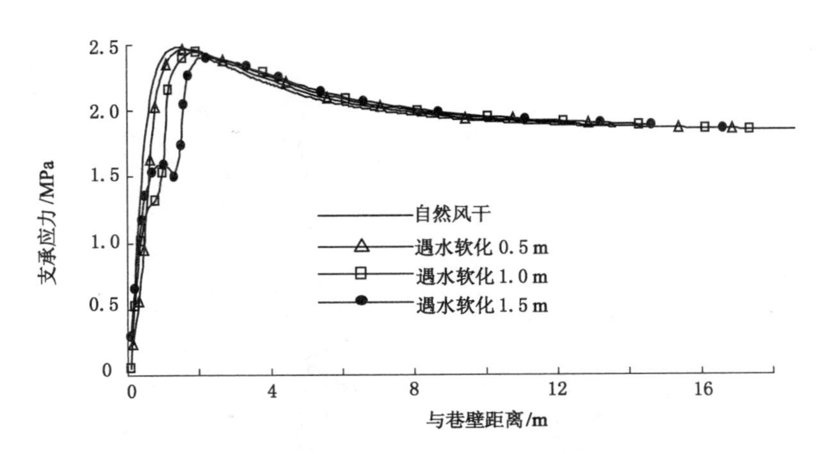

图 6-4　遇水不同程度软化后砂岩巷道围岩支承压力曲线

拉破坏，但饱水砂岩试样的静态破坏情况比较复杂，破坏裂缝与试样轴线呈现平行、斜交和垂直 3 种形态，表现为张拉与张剪等综合破坏形式。

岩爆破坏的断裂基本形式(有劈裂破坏和剪切破坏两种主要形式)与一般的岩石力学破坏断裂机制相似[277]，通过观察岩爆岩石破坏后宏观或微观的破坏分布特征，可以理解岩爆过程的破坏机制。硐室层裂屈曲岩爆经历了图 6-1 所示“劈裂成板—剪断成块—块片弹射”渐进破坏的全过程，“劈裂成板”是层裂屈曲型岩爆的起始破坏特征，也是岩爆的孕育初始阶段。因此，了解岩石受压劈裂破坏的原因对研究屈曲岩爆的发生机制是很有帮助的。纳玛夫-纳赛尔(Namaf-Nasser)[278]较早证明洞室周边自由表面受切向应力作用，扩展的裂纹扩展方向平行于切向应力方向。徐林生等[82]对二郎山公路隧道岩爆岩石试验研究表明，岩石在单轴加载压缩状态下，均发生与轴向基本平行的张性破裂。张黎明等[279]对粉砂岩进行峰后卸围压试验表明，岩样沿轴向存在相当数量的平行于轴向应力方向的劈裂面。由此可见，硐室层裂屈曲岩爆中的“劈裂成板”与围岩受压及卸荷有关。就单轴压缩条件而言，王明洋等[280]认为，在岩体内部的缺陷附近将发生应力集中，同时产生垂直于加载方向的拉应力，一旦局部拉应力达到材料的抗拉强度，缺陷将快速扩展，进而导致岩体的劈裂。

然而，上述研究是在岩石无水情况下进行的，本书第五章自然风干砂岩试样单轴静载压缩宏观破坏形态也能验证上述研究结论，风干试样破坏裂缝与试样轴线基本平行，具有劈裂成板的特征。但砂岩试样饱水后，其破坏形式迥然不同，破坏裂缝与试样轴线呈现平行、斜交和垂直三种形态，不具备劈裂成板的特征。因此，当围岩遇水后，水在一定程度上能抑制岩体劈裂成板的形成，从而破坏岩爆的孕育过程，起到防治层裂屈曲型岩爆的作用。

第三节　水防治巷道岩爆的动力学机制

一、巷道围岩结构效应与应力波边界效应

巷道围岩自承载结构是客观存在的。钱鸣高等[104]认为，地下硐室上覆岩体的重量95%以上由硐室周围岩体承受，这说明硐室围岩存在着某种形式的自稳结构。贺永年等[281]认为，地下工程或岩石工程的结构稳定要从结构效应进行分析。康红普[172]提出围岩"关键圈"的观点。基于前人的研究，本书提出"围岩自稳时变结构"的概念，认为岩爆是满足某种条件下围岩自稳时变结构调整的过程。围岩结构的形成与岩性、施工方法等多种因素有关，层裂屈曲型岩爆发生前，围岩发生平行于洞壁自由面的板状破裂是一种典型的情况，相应地形成由破裂区和弹性未破裂区岩体构成的控制围岩整体承载能力的承载结构。从承载能力的角度分析[173]，弹性未破裂区是主要的承载结构，破裂区虽已破坏，但仍有一定强度仍可形成承载结构。围岩结构效应在研究深部岩体工程稳定性起重要作用，这为水防治岩爆的动力学研究提供思路。

根据岩爆诱因的岩爆分类及前面的岩爆问题的时变性分析，涉及动力学范畴的动力扰动一方面来自于围岩自身的受力状况和岩性，另一方面来源于外界施工过程中或之后所受爆破振动、机械振动、地震及相邻岩爆产生的应力波。岩爆的动力学问题较多关注来源于外界施工过程中或之后所受爆破振动、机械振动、地震及相邻岩爆产生的应力波。利特维尼申(Litwiniszyn)[74]将岩爆看作由硐室上方岩层重力断裂的冲击波所引发。李夕兵等[36]认为，对于承受高应力的岩体，较小的外界动力扰动也可能会使其诱发岩爆。高明仕等[282]认为，巷道围岩结构与应力波冲击诱发岩爆有密切关系。

应力波在穿过两介质界面时，由于两介质特性的差异，将产生反射波，界面处的反射波应力(σ_r)、透射波应力(σ_t)与入射波应力(σ_1)之间的关系有[283]：

$$\sigma_t = \frac{2\sigma_r}{n+1} \tag{6-6}$$

$$\sigma_r = \frac{\sigma_1(1-n)}{n+1} \tag{6-7}$$

式中，$n=\sqrt{\frac{\rho_1 E_1}{\rho_2 E_2}}$；$\rho_1$，$\rho_2$ 及 E_1，E_2 分别为界面两侧介质的密度和弹性模量。

根据式(6-6)和式(6-7)可知，当应力波从相对坚硬的岩层传入相对软弱的

岩层，由于 $n>1$，压缩波则在界面处产生拉应力，且两种介质的弹性模量相差越大，拉应力值就越高。对于围岩体中的具有一定张开度裂隙面，本身为介质特性突变部位，容易产生反射拉伸波，促进岩体被拉裂，这种效应被称为应力波的边界效应。冬瓜山铜矿发生的岩爆现象表明应力波边界效应的影响情况[114]，在两种岩石接触部位，特别是刚度较小的岩体向刚度较大的岩体推进工作面时，岩爆发生在刚度较大的岩体中。应力波边界效应也是高明仕等[282]控制岩爆措施的主要依据，这也为水防治岩爆的动力学研究提供了另一种思路。

二、自然风干与遇水巷道围岩动力扰动分析

现有研究对受载后岩石力学损伤特性分析得比较充分[284]，而对引起岩石损伤的非力学因素却研究得很不够。对于遇水后强度降低的岩石，水是造成其损伤的一个重要原因，有时它比力学因素造成的损伤更为严重。遇水岩石劣化损伤机制与力学因素的损伤有本质区别，它取决于水-岩共同作用下岩体内裂隙面等物理损伤基元及其颗粒、矿物的结构之间的耦合作用[285]。水损伤岩石具有相对较好的完整性，这是力学因素损伤岩石所不具备的特点，力学因素损伤的岩石存在相当多的张开裂隙，相比较而言，水损伤岩石的应力波边界效应要弱。

由第三章分析可知，硐室围岩存在自承载时变结构，时变结构由破裂区（软化区）和弹性区组成，当扰动应力波穿过破裂区（软化区）和弹性区边界时，产生边界效应的剧烈程度取决于边界两侧弹性模量的差异。由于硐室围岩受力状态由洞壁向深部由单轴或双轴状态向三轴状态转变的，所以两侧弹性模量的差异最大的边界位置应是在图 6-5 中时变结构 1；同时，时变结构 2 的三轴受力状态，能使其裂隙更多的处于闭合。胡柳青[286]认为，裂隙闭合后界面的摩擦角越大，应力波能量透射增加，结构面两侧岩石性质相同，这意味着应力波在界面上不产生反射。

对于图 6-5 所示的自然风干巷道，当某一动载 $P_1(t)$ 由时变结构 2 传入时变结构 1 时，因为由时变结构 2 的破裂区入射到时变结构 1 的弹性区，此时产生应力波边界效应很弱，不足以产生新的破裂。应力波 $P_1(t)$ 进入时变结构 1 后衰减为应力波 $P_2(t)$，继续向时变结构 1 的破裂区（软化区）和弹性区边界入射。对于自然风干岩石，无论是静态弹性模量还是动态弹性模量，破裂岩石的比相对完好岩石的要小。因此，在两区边界发生应力波边界效应，首先应该在两区边界的弹性区岩石发生破坏，产生扩容膨胀，导致巷道围岩主要承载结构破坏，进而引发岩爆灾害。从时变结构的角度来说，时变结构 1 会出现结构质量的减少，则 $\mathrm{d}m/\mathrm{d}t<0$ 时，会产生岩爆。

对于图 6-6 所示的遇水软化巷道，假设巷道开挖后及时喷洒水，则水将由壁面

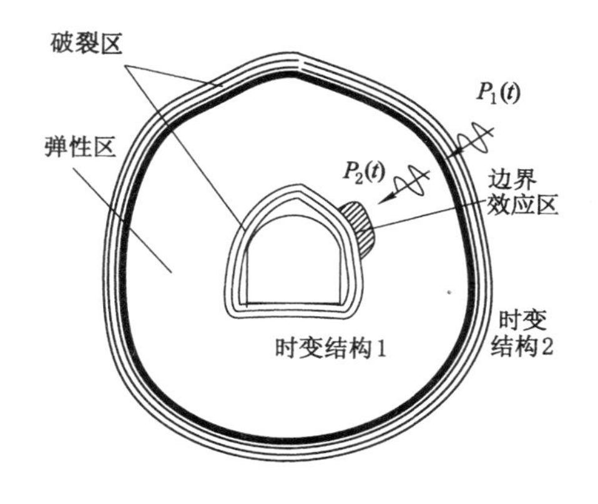

图 6-5　自然风干巷道围岩动力扰动分析

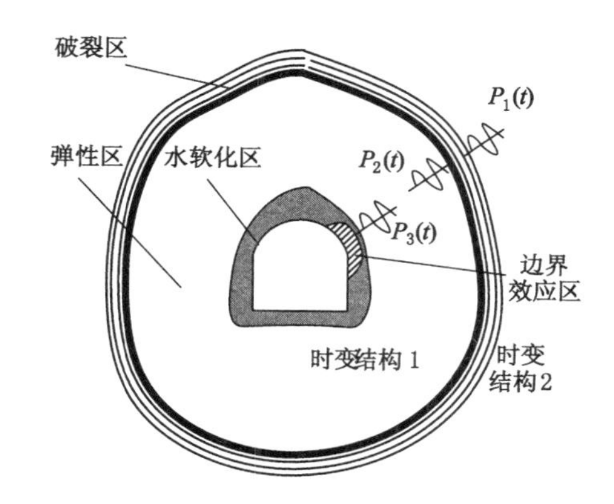

图 6-6　遇水软化巷道围岩动力扰动分析

岩体的原生裂隙和次生裂隙渗入。胡大伟等[287]揭示脆性岩石的渗透率在其受压扩容阶段会急剧增大，在峰前或峰后达到极大值，认为能形成水渗透软化区和弹性未破裂区组成的围岩结构。为了便于研究，还假设围岩为平面应变模型，无蠕变或黏性行为。另外，遇水软化巷道与自然风干巷道的区别在于，硐室壁面边缘的软化区是由于水损伤造成的，其完整性较好。由第五章可知，静态条件下水会造成岩石静态弹性模量和静态强度的降低。但在动载的作用下，饱水岩石与自然风干岩石的动态弹性模量和动态强度相近，应力波扰动下水损伤软化区与弹性区的边界效应不明显。由时变结构 2 作用的应力波 $P_1(t)$进入时变结构 1 后衰减为应力波 $P_2(t)$，经过水软化区和弹性区边界后衰减为应力波 $P_3(t)$，进而在硐室壁面水软化区内产生边界效应。

众多的工程实例还表明，岩爆多数发生在花岗岩等坚硬岩体中。楼沩涛(Lou)[288]比较了自然干燥与饱水花岗岩试件在不同应变率下的弹性模量，见表 6-4，并进一步比较了自然干燥与饱水花岗岩试件在不同应变率下的拉断性能[50]，见表 6-5。

表 6-4　自然干燥与水饱和花岗岩试件在不同应变率下的弹性模量[288]

应变率 /s^{-1}	E/MPa	
	干燥花岗岩	水饱和花岗岩
～10^{-1}	7.25×10^4	8.21×10^4
～10^2	8.4×10^4	9.3×10^4

表 6-5 自然干燥与水饱和花岗岩试件在不同应变率下的拉断强度[50]

应变率 /s^{-1}	平均拉断应变/10^{-6}		平均拉断强度/MPa	
	干燥花岗岩	饱水花岗岩	干燥花岗岩	饱水花岗岩
1.9×10^{-8}	255	177	15.5	13.5
2.5×10^{-1}	253	324	18.5	26.6
5×10^{1}	495	441	41.6	41.0
1×10^{2}	473	755	39.8	69.9

由表 6-4 可以看出，随应变率的增加，花岗岩试件的弹性模量也略有增加，干燥花岗岩试件的弹性模量要略低于饱水花岗岩试件的弹性模量。由表 6-5 可以看出，动态拉断强度比静态和准静态下的拉断强度高出许多。

根据表 6-4 和表 6-5 的结论及第五章中应变率段饱水砂岩的动态压缩试验结果可知，在硐室壁面水软化区内会产生应力波边界效应，虽然存在拉伸应力波与压缩应力波的叠加作用，但水影响下的岩石动态性能均显著提高，围岩不易发生破坏；同时，与自然风干巷道围岩相比，应力波 $P_1(t)$ 多经过一个界面的衰减，因而应力波的能量幅值会有所降低，破坏能力降低。总体而言，遇水巷道的应力波边界效应影响的不是主要承载结构，围岩结构自身仍具有相当的承载能力。

从饱水岩石的动态力学性能及应力波边界效应作用位置可以看出，水对防治岩爆是较有效的措施手段。

三、基于能量原理的水抑制岩爆分析

岩爆作为岩体结构的动力失稳现象，具有岩块弹射、震动等动力学特征，这是区别于其他形式脆性破坏的最显著特征之一[52]。硐室层裂屈曲岩爆经历了劈裂成板到块片弹射的过程。岩爆岩块弹射速度是反映岩爆强度的重要指标，该指标较岩爆震级等指标，能更直接更具体地用于指导巷道支护设计[289]。岩石的破碎实质上是能量耗散的过程，所以能量耗散的分析成为阐明岩石破碎机制的基本途径。假定岩石为理想的弹脆性材料，考虑岩体单元在外力作用下产生变形，并假设该物理过程与外界没有热交换，岩体单元的能量满足以下关系：

$$U = U_d + U_e \tag{6-8}$$

式中，U 为外力功输入能量，U_d 为单元耗散能，U_e 为单元可释放弹性应变能。

根据式(6-8)，谢和平等[290]提出基于可释放能量的岩体整体破坏准则，外力功转化为的耗散能 U_d，使岩体强度逐步丧失；当逐步增加的可释放应变能 U_e 达到岩体单元某种表面能 U_0 时，U_e 释放使岩体单元发生整体破坏，可释放应变能 U_e 的能量组成为[289]：

$$U_e = U_g + U_f + U_v \tag{6-9}$$

式中，U_g 为岩体损伤所消耗的能量；U_f 为岩体断裂与破碎所消耗的能量；U_v 为试样碎片崩落、飞溅的动能。

动态荷载作用下，岩体中储存的可释放应变能往往大于岩体灾变（即岩体破碎）所需要的表面能：$U_e > U_0$，因此，剩余能量会构成碎裂岩块的动能。如不计岩块转动，设 M 为碎裂岩体的质量，根据式（6-9），则 $U_v = \frac{1}{2}M\bar{v}^2$，可求得碎裂岩块平均弹射速度 $\bar{v}$[290]。

根据图 5-15 和图 5-16 中饱水和自然风干砂岩试样的动态破坏模式，饱水条件下岩样的破坏后块度要明显大于自然风干的岩样，同时水影响下岩体积聚弹性能的能力下降，这就使得碎裂岩块的平均弹射速度 $\bar{v}$ 下降，甚至可能不发生弹射，从而降低岩爆破坏的程度，达到抑制硐室层裂屈曲岩爆的目的。

本章小结

本章在对饱水砂岩静力学与动力学试验的基础上，基于饱水岩石的静态和动态破坏特征，探讨了水防治硐室层裂屈曲岩爆的静力学与动力学机制，主要研究结论如下：

（1）饱水砂岩的静态破坏不同于自然风干砂岩，破坏裂缝与试样轴线呈现平行、斜交和垂直 3 种形态，表现为张拉与张剪等综合破坏形式，表明水在一定程度上能抑制岩体劈裂成板的形成，从而破坏层裂屈曲型岩爆的孕育过程。

（2）饱水砂岩的动态试验研究表明，水影响下的岩石动态性能显著提高，自然风干巷道的应力波边界效应影响围岩主要承载结构，而遇水软化巷道的应力波边界效应影响围岩非主要承载结构，遇水围岩整体仍具有相当的承载能力，从而抑制层裂屈曲型岩爆的发生。

（3）动态加载条件下，饱水砂岩破坏后块度要明显大于自然风干的岩样，同时水影响下饱水岩体积聚弹性能的能力下降，故能抑制硐室层裂屈曲岩爆的岩块弹射。

（4）水防治岩爆不能从根本上克服有措施条件下突发岩爆对施工产生的危害，要想真正有效的防治岩爆，还必须在硐室开挖后及时采取岩爆支护技术等措施进行综合防治。

第七章　巷道岩爆动静组合支护原理及工程应用

第一节　引　　言

岩爆机理和岩爆预测研究的最终目的是要针对岩爆发生的可能性与强弱程度以及其对工程的影响提出防治措施[52]。大量岩爆研究成果证实，只有在岩石物理力学性质和围岩应力等内外因素满足一定条件下才可能发生岩爆，相应提出了较完善的区域性防范措施与局部解危措施[104]。如图 7-1 所示，这些措施使围岩性状改善和地应力峰值转移或降低以达到防治岩爆的目的。上述两种措施根本的出发点是主动地降低岩爆发生的概率和等级，但不能从根本上克服有措施条件下突发岩爆对施工产生的危害，要想真正有效地防治岩爆，还必须在硐室开挖后及时采取有效的岩爆支护手段进行被动防治。因此，岩爆的防治应当从区域防范措施、局部解危措施和岩爆支护技术 3 个方面综合研究。关于岩爆控制的区域防范和局部解危防治措施的研究较多[104]，但岩爆支护技术研究相对不足。在工程实践中，岩爆支护有时就是支护密度、支护强度增大的常规锚网喷支护，究其原因在于受以静力学因素为主导的岩爆发生机制研究影响甚深[291]。

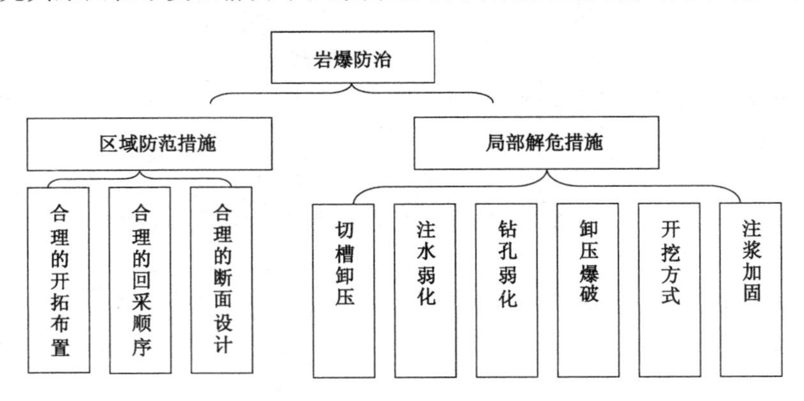

图 7-1　岩爆区域防范与局部解危措施框图[104]

应该看出，世界范围内岩爆涉及了煤矿、非煤矿山、水利水电、铁路和公路交通等众多行业领域，各行业部门针对本领域矿岩岩性、支护目的和服务年限，采用了不同的（差异很大的）支护方式和支护结构参数，如水电硐室和引水隧道、铁路和公路交通隧道均属永久性工程，而矿山则属非永久性工程，它们之间存在很大的差异。隧道岩爆与矿山岩爆在发生机理上是相似的，但二者在硐室布置、硐室形状及施工工艺上存在很大区别，故岩爆的防治需要针对性。就岩爆支护技术来说，没有一个统一的方法，应具体问题具体分析。

岩爆发生涉及岩石动力学与岩石静力学两方面的范畴，但现有岩爆防治研究较多是以“静”制“动”的观点。岩爆支护技术与常规支护是不同的，岩爆条件下的支护结构不仅要能经受住静态条件下的高应力荷载的作用，还要抵御岩爆（或微震）时的动荷载作用。岩爆支护系统从静力学角度概括为两个基本功能：即加固围岩、承托住破坏岩石和安全地悬吊[126]。凯泽（Kaiser）[292]认为，岩爆条件下支护结构承受动态荷载作用和重新平衡的能力取决于在岩爆发生前的支护效果，即静力学条件下对围岩的加固支护功能的效果；同时，通过对围岩实施必要的加固措施来提高围岩岩爆诱发的阀值，即使岩爆发生，支护系统能由加固功能向承托功能转化，保证巷道的使用功能和安全性。普遍的观点认为，支护系统是不能从根本上改变围岩的活动规律，只能适应围岩的活动规律，由第三章分析可知，岩爆围岩具有时变性的特点，因此岩爆支护系统还应考虑时变因素的支护理念，以实现动静组合的岩爆支护效果。在第四章对马路坪矿深部岩爆巷道的实际情况进行调查的基础上，提出岩爆控制的应对原则，进一步探讨动静组合岩爆支护技术的应用，这在一定程度上可完善深部巷道岩爆防治工作。

第二节　巷道岩爆围岩支护静、动力学系统研究

一、基于静力学的岩爆支护系统

岩爆支护技术与常规支护的差异在于，岩爆条件下的支护结构不仅要能经受静态条件下的高应力荷载的作用，还要抵御岩爆时的动荷载作用。当前岩爆发生机制研究主要基于静力学因素的影响，现有岩爆支护理论也是以静力学支护理论为基础的，因此实践中岩爆支护往往只是单纯支护密度支护强度增大的常规支护，较多借鉴常规巷道支护理念。

1. 锚网喷为主的岩爆支护形式

国外在巷道岩爆支护方面研究起步较早较系统，美国拉奇弗瑞迪（Lucky Friday）矿岩爆巷道内的主要支护形式为长 2.4 m 间距 0.9 m 的树脂浆高强度变形筋、链接式网和中等间距安装的管缝式锚杆；俄罗斯对高应力弱岩爆和中等

岩爆巷道，一般采用普通锚喷支护、钢纤维喷锚支护、柔性钢支架支护、以及锚喷网＋柔性钢支架联合支护等多种形式，该国的大乌拉尔铝土矿的深部开采中广泛地应用了喷射钢纤维混凝土支护；澳大利亚在大变形岩爆条件下试验采用高压充气的摩擦锚杆，如斯韦莱克斯(Swellex)锚杆；南非的锚网加索带形式，采用高强度的2.4 m长的谢普贺斯克鲁克(Shepherd's Crook)锚杆；加拿大在岩爆岩层中进行了各种喷射砼支护方面的研究[293-295]。我国在岩爆支护方面也提出很多有实际效果的方案，认为随岩爆烈度的增加，应采取加深加密系统锚杆，并加垫板，挂整体网、格栅钢架支撑等措施[9]。陆家岭隧道洞内缓爆型岩爆的地段，主要采用喷浆法处理围岩，而对于速爆型岩爆的地段，则主要采用喷射混凝土或钢纤维混凝土结合布设系统锚杆支护围岩[46]。

综上所述，国内外在岩爆支护形式上大体相同，巷道岩爆支护基本上采用喷砼、喷钢纤砼、锚杆加密加长加挂钢筋网、增加钢支撑等措施，选择适宜的锚杆类型及锚杆的长度和密度。喷锚加固围岩被认为是一种有效的防治岩爆的方法[296]。

2. *岩爆支护的两种主要功能*

麦克雷斯(McCreath)等[293]对岩爆巷道支护机理的深入研究，认为当一个复杂的支护系统被简化之后，都可以划分为如图7-2所示的两种主要的支护功能：一是加固围岩功能；二是悬吊-承托功能。加固围岩和起悬吊作用的支护单元为锚杆，而承托单元则由金属网、喷混凝土、索带或其组合形式来完成。

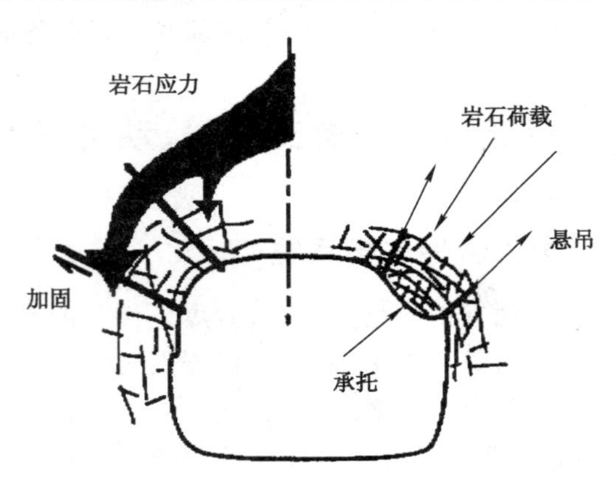

图7-2　岩爆巷道支护原理图[293]

通过锚杆加固围岩体是提高围岩的强度及自承能力为一种广为应用的方法，锚杆与被加固的围岩相互作用共同承担围岩压力。悬吊-承托作用指通过锚杆和承托单元把破碎的岩石限制在深部岩体上，在低应力条件下，这一观点主要是基于安全的考虑，而不是对围岩稳定性的考虑。已有研究表明，承托作用的锚杆和承托单元（如金属网、喷混凝土）把破裂岩石限制在深部岩体上，能使受高应力作用的巷道保持稳定性方面，在高应力作用下，岩石发生明显破裂且通常伴有较大的变形，并且岩体的破坏伴随岩体剥落而加剧，通过维持破裂岩层可实现对岩块连续运动过程进行有效的运动控制[297]。

李庶林[118]认为，岩爆巷道支护首先考虑对围岩进行直接加固，加固围岩的目的包括：一是提高围岩的强度，岩体自身承载能力得到提高，提升了岩体的黏聚力和内摩擦角，这相当于提高了岩爆的诱发极限，限制和控制岩体膨胀和进一步恶化；二是对巷道的表面增加侧限。沙哈（Shah）的研究证明[118]，节理或破裂岩体的强度对侧限压力的增加是极其敏感的，对巷道围岩的表面提供侧限压力，就可以大大提高围岩的塑性破裂区的残余强度。

3. *岩爆支护中锚杆性能是关键*

岩爆支护系统的两种支护功能是由支护结构的各个单元组合而获得的。支护系统中对围岩起主要加固作用的元件为锚杆，锚杆打入加固围岩体中之后，与围岩共同作用吸收弹性变形能，提高围岩体的自承能力。在悬顶-承托支护结构中，锚杆为维持该结构的基本单元，一旦锚杆失效则整个支护系统失去作用[297]。

麦克雷斯等[293]认为，锚杆的强度越高，变形能力越大，则越适合做岩爆条件下的支护结构单元。

二、基于动力学的岩爆支护系统

岩爆发生机制涉及岩石动力学与岩石静力学两方面的范畴，因此岩爆支护系统中应引入的抵抗动载扰动的设计理念。岩爆巷道支护结构在性能上必须具有抗动荷作用的能力，也就是说它除了具备静荷条件下的一切功能之外，还必须能承受动荷作用，这是岩爆支护的一个根本特点[297]。

岩爆发生时岩块瞬间从静止状态加速到几米每秒甚至十几米每秒的速度，产生的动应力很大，一般会达到或超过支护构件的屈服强度，如果支护系统没有让压和屈服性质，就不可避免发生破坏；要想保持支护系统和巷道的稳定，就要求支护系统在岩爆发生瞬间先屈服变形，同时仍然保持一定的抗力，在允许最大变形前耗尽岩爆释放的动能。冯涛等[52]认为，岩爆支护系统应有一定变形以便容纳岩爆引起的大的强制变形。因此，岩爆对支护系统的特殊要求是：支护构件具有让压或屈服特性，而且吸收动能的能力强[38]。基于动力学的岩爆支护系统具有让压与吸能作用的支护单元主要有：

1. 金属网与喷射混凝土

通常认为,在岩爆支护中,金属网和混凝土等结构单元应能够经受冲击荷载的作用,且能够吸收岩爆发生时所释放的动能[118]。

与锚杆相比,金属网是相对柔性的低强度的结构单元,在围岩小变形的情况下,金属网几乎对围岩不提供支撑作用;但金属网作为承托单元,不仅可以改善喷射混凝土的力学作用功能,而且作为动态荷载作用的金属网,它自身也有吸收动能的能力和防破坏(防撕扯松散)的功能。另外,受金属网限制的破碎岩石具有缓冲、耗散(或吸收)传递过来微震能量的作用。

喷射混凝土可以对表层裂隙岩体起加固、锁合作用,它与金属网一起具有较好的抗弯刚度,可使冲击荷载较均匀地分摊到加固单元(锚杆)中去,还可以使锚杆处于单拉状态而不是剪切状态,从而使锚杆结构的作用功能得到优化。同时,为改变喷射混凝土的韧性,在其中加入了钢纤维。

加拿大地质力学研究中心对金属网和喷射混凝土等做了较为全面的室内试验研究,如初始刚度、峰值荷载和位移吸收能量的能力等参数[292]。焊接型的金属丝网的初始刚度比链接式的金属丝网要高,金属网的初始刚度都较低,不能阻止围岩表面的早期破坏;增喷混凝土也会明显改变金属网的初始荷载刚度,菱型的锚杆挂网比矩型挂网的支护效果要好,金属网的孔距影响其荷载能力,孔小则其承载能力就高;锚杆的布置形式对金属网的峰值承载能力的影响不大。

2. 金属可缩支架与柔性吸能垫层

金属可缩性支架在允许围岩有限变形释放能量的同时,仍具有足够的工作阻力,既能适应又能控制岩爆围岩的变形。另外,在巷道围岩和金属支架之间设置柔性吸能垫层(泡沫铝等多孔金属材料)[298],岩爆发生时,其间的柔性垫层可减缓冲击载荷和吸收动能,并提供较大压缩变形空间,金属支架提供较高的支撑力从而防治岩爆的动力破坏。

3. 可伸长锚杆

可伸长锚杆在19世纪70年代开始发展,目前国内外已有几十种。按工作原理,可将它们归纳为杆体可伸长和结构元件滑动可伸长两大类:第一类是依靠锚杆材料的屈服强度和延伸率分别提供锚杆的支护阻力和延伸量;第二类是设计某些机械结构,当围岩变形传递给杆体,杆体内拉应力达到一定数值后,杆体可籍助于机械结构而滑动,杆体滑动的阻力和滑动量即为锚杆的工作阻力和延伸[299]。

国外可伸长锚杆的研制主要有德国的蒂森型锚杆,其两端为普通碳素钢中间焊接一段可拉伸的奥氏体钢,锚杆的极限拉伸量可达517 mm,最大工作阻力为200 kN;前苏联研制的杆体弯曲波浪形可伸长锚杆是用普通碳素钢做成波浪形，当杆体所受拉应力达到一定值后则波浪形段杆体开始拉直，从而为锚杆提供了一定的工作阻力和一定的伸长量[300]。我国由中国矿业大学研制了一种力学性能好、加工简单、价格较低、实用性强的杆体可伸长锚杆，称“H 型”或“改进型”杆体可伸长锚杆，其选用低碳圆钢(Q235)或螺纹钢(20 MnSi)加工制作，与普通金属锚杆的差别在于锚尾处理，对锚尾进行机械加工或热处理，使锚尾段的强度高于杆体，如此，在巷道变形地压较高时，杆体首先屈服延伸，锚尾不会损坏或拉断，充分发挥杆体材质的强度及延伸率，从而使锚杆的支护阻力及伸长量都高于普通金属锚杆[301]。我国在 20 世纪 90 年代还研发了以下几种可伸长锚杆[302]：

(1) 蛇形可伸长锚杆。如图 7-3 所示，杆体直径为 14～16 mm，用 Q235 圆钢制作，分成两段，即直杆段和蛇形段，蛇形段为 6 弯 3 波，长 300 mm，极限伸长 105 mm，最大伸长时的最大承载能力为 73 kN。这种可伸长锚杆结构简单，制作容易，成本较低。

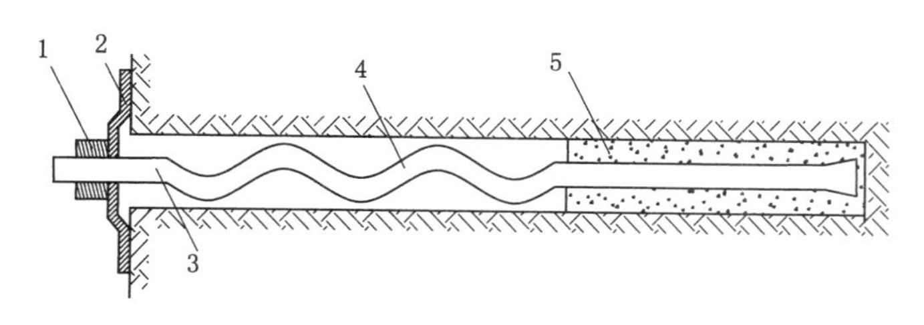

1—螺母；2—托板；3—直杆体；4—蛇形锚杆体；5—锚固剂。

图 7-3　蛇形可伸长锚杆[302]

(2) 孔口弹簧压缩式可伸长锚杆。如图 7-4 所示，岩体内的锚杆和普通锚杆基本相同，只是杆长比普通锚杆长 200 mm，孔口增加一个弹簧和一个挡板，弹簧的弹性压缩系数为 4. 5 N/mm，压缩量为 100 mm，因此，这种锚杆的伸长量为 100 mm，只要杆体受到 450 N 的力就压缩到底，即杆长伸长最大。可见，支护工作阻力较小时就伸长，但全长锚固，锚固力较大。

(3) 杆体伸长和孔口压缩式可伸长锚杆。如图 7-5 所示，这种锚杆的杆体为 ϕ16 mm 圆钢麻花杆体，树脂锚固剂锚固，锚固力超过 50 kN 杆体长 1.9 m，杆尾镦粗成 ϕ18 mm 后加工螺纹。螺纹处的抗拉强度不低于 ϕ16 mm 的强度。锚杆伸长有两方面：一是孔口增加一节横向压缩钢管，当锚杆体受到支护阻力达到 30 kN 时，压缩管受压变形，压缩量就是锚杆相对伸长量；二是当支护阻力达到或超 40 kN 时，杆体受拉要伸长，拉长率达 24%，可伸长 432 mm。

(4) 塑料压缩筒可伸长锚杆。如图 7-6 所示，这是普通树脂锚杆在孔口加

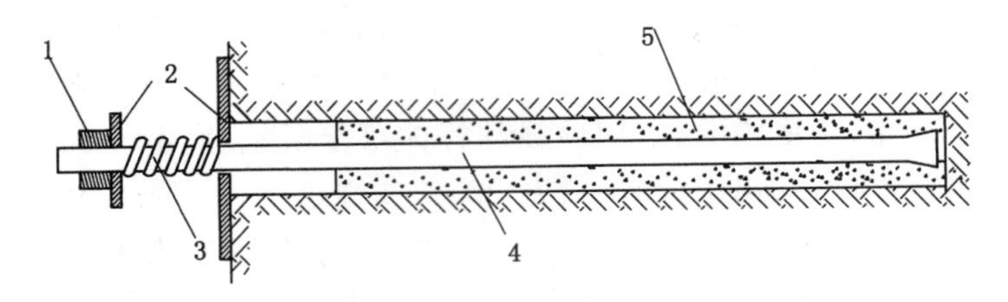

1—螺母；2—垫板和托板；3—弹簧；4—杆体；5—水泥锚固剂。

图 7-4　孔口弹簧压缩式可伸长锚杆[302]

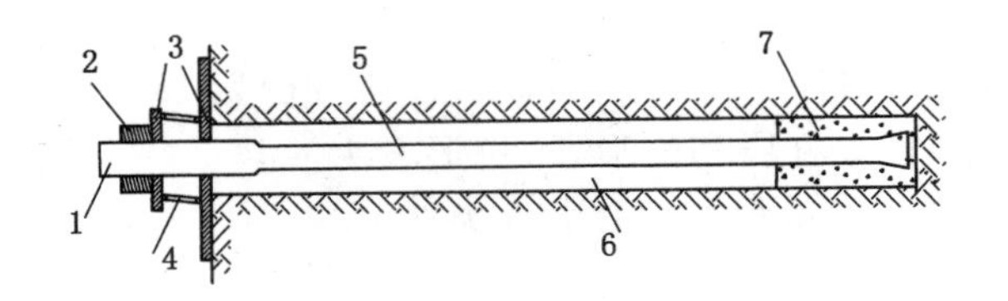

1—镦粗杆体；2—螺母；3—垫板和托板；

4—压缩钢管；5—杆体；6—锚孔；7—锚固剂。

图 7-5　杆体伸长和孔口压缩式可伸长锚杆[302]

一个塑料压缩套筒，杆体长 1.6～1.7 m，ϕ16 mm，锚头做成麻花形。这种锚杆的伸长原理是杆体受到支护阻力后，塑料套筒受压，其压缩量就是锚杆的的相对伸长量。

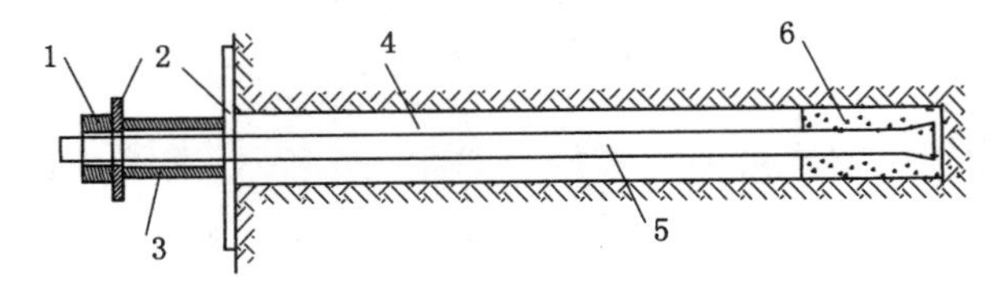

1—螺母；2—垫板和托板；3—塑料压缩套；

4—锚孔；5—杆体；6—树脂锚固剂。

图 7-6　塑料压缩筒可伸长锚杆[302]

（5）杆体拉长式可伸长锚杆。如图 7-7 所示，这种锚杆的杆体选用 Q235 钢制作的，即 ϕ16 mm 和 ϕ14 mm 两种规格，杆尾焊上一段比杆体直径大 4 mm 的 Q235 钢，即 ϕ20 mm 和 ϕ18 mm。研究表明，当锚杆支护工作阻力达到 44 kN 时，ϕ14 mm 杆体就伸长 200～240 mm，ϕ16 mm 杆体在支护工作阻力 60 kN 时，杆体伸长达 260～300 mm。锚杆的锚固力可达到 50～84.9 kN。

（6）套管摩擦式可伸长锚杆。如图 7-8 所示，随着围岩变形的增大，挤压托

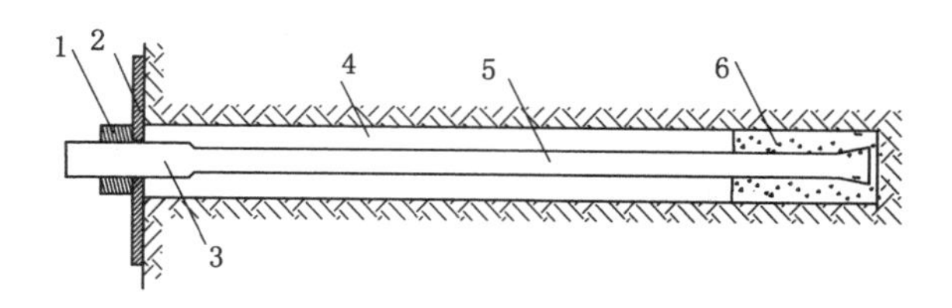

1—螺母；2—托板；3—加粗杆体；4—锚杆；5—杆体；6—树脂锚固剂。

图 7-7　杆体拉长式可伸长锚杆[302]

板，托板通过套管沿杆体摩擦滑动，造成恒阻式让压条件，直到两卡环靠拢为止。支护后期，在杆体内注入水泥浆或水泥砂浆，使杆体和孔壁之间用水泥黏结在一起，形成全长锚固。

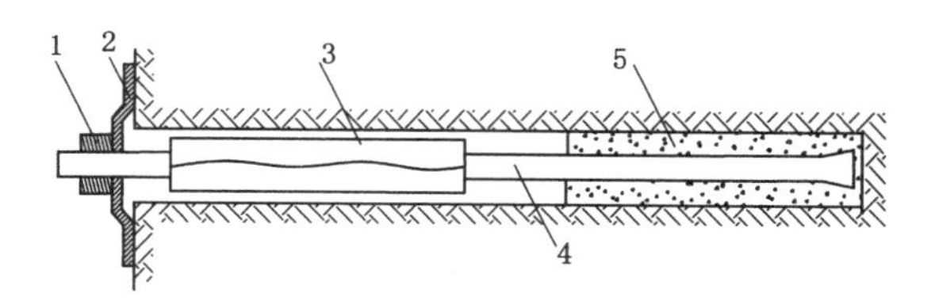

1—螺母；2—托板；3—套管；4—杆体；5—水泥锚固剂。

图 7-8　套管摩擦式可伸长锚杆[302]

以上是我国煤炭工业先后开发试验 6 种可伸长的锚杆，因预应力小，未充分考虑软岩和硬岩破坏差异，让压不合理，目前均未得到很好地推广应用[303]。

何炳银等[303]研制了一种加让压管的预应力让压锚杆，如图 7-9 所示。其锚尾螺纹部分经过强化热处理，使其强度大于杆体强度，避免锚杆在锚尾处拉断或剪断，使锚杆具有更好的延伸性能，有利于充分发挥锚杆杆体的延伸作用。图 7-10为让压管拉拔前后的变形比较，与普通的预应力锚杆相比的优点在于，在预应力让压锚杆受力较大时，螺母与托盘之间的让压管能够适应围岩的变形，保护锚杆在整个支护期间不失效，防止锚杆破断。

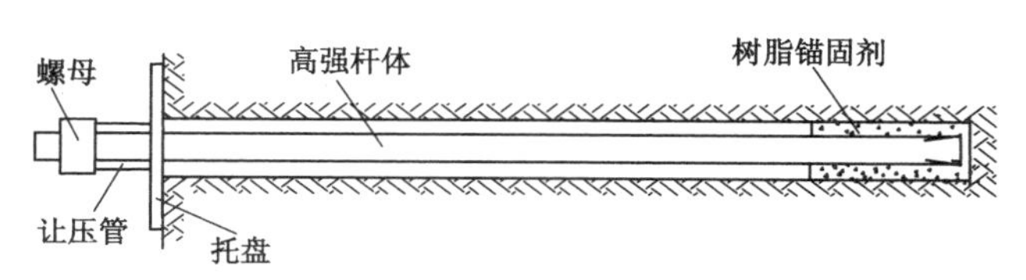

图 7-9　预应力让压锚杆[302]

(a) 变形前

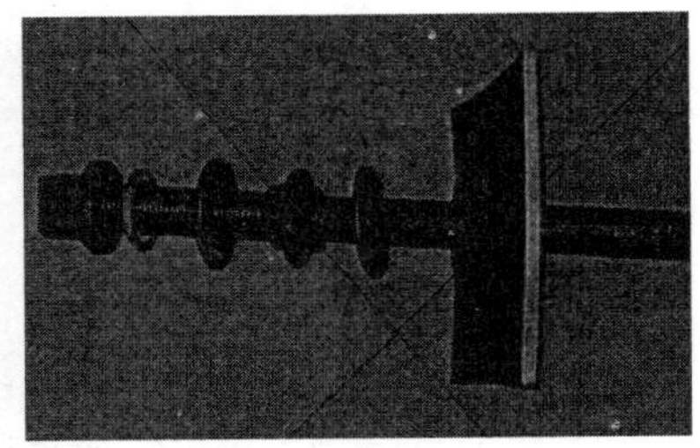
(b) 变形后

图 7-10 拉拔前后让压管的变形比较[302]

第三节 基于围岩支承结构锚杆有效长度的数值分析

一、临界锚杆长度和有效锚杆长度

由前分析，岩爆支护中锚杆性能是关键，同时，岩体工程中的锚固技术是应用锚杆或锚索对岩体进行加固，它充分地发挥岩体自身稳定能力，是一种对原岩扰动小、施工速度快、安全可靠又是经济有效的加固技术，在地下工程中和边坡工程得到广泛的应用，并获得巨大的成功[304]。与锚杆长度有关的锚固理论的探讨和研究不断深入。弗里曼(Freeman)[305]通过对锚杆受荷过程及锚杆应力分布的观测，提出了中性点、锚固长度和拉拔长度的概念；中性点为锚杆界面剪应力为零而锚杆轴力有最大峰值的位置；拉拔长度是指从锚杆近端(在隧道洞壁上)到中性点的锚杆长度；锚固长度指从中性点到锚杆远端(在岩石内)的锚杆。

张乐文等[306]的研究表明，锚杆锚固体长度存在一个临界值，当锚固体长度超过该值后，长度的增加对锚杆极限承载力的提高不起作用，这个锚固长度称为临界锚固长度。埃万热利斯塔(Evangelista)和萨皮奥(Sapio)[307-308]分别在硬砂土和黄土中观测到了临界锚固长度现象。程良奎等[309]研究表明，临界长度现象具有普遍性。

赵明华等[310]基于轴向 Winkler 地基模型，利用锚杆和抗拔桩在承载机理和变形特性上的相似性，推导出锚杆变形的计算公式，并在此结果上探讨锚杆临界锚固长度的计算。

张洁等[311]采用理想弹塑性荷载传递函数，推导了锚杆临界锚固长度的解析算式，在此基础上进一步分析了摩擦阻力分布、极限锚固力与锚固长度的关系。研究表明，当锚固长度小于工程临界锚固长度时，摩擦阻力分布较为均匀，而锚固长度的增加对极限承载力提高明显。基于此，建议锚杆的设计长度应小于工程临界锚固长度。临界锚固长度 l_c 计算公式如下：

$$l_c = 2\sqrt{\frac{EA}{\lambda}} \tag{7-1}$$

式中，E 为锚固体综合弹性模量；A 为锚固体综合面积；λ 为侧摩阻刚度系数，可通过锚杆试验 P-S 关系反演获得。

尤春安等[312]在预应力锚索锚固段界面力学特性试验的基础上（实际采用 ϕ16 mm 的Ⅱ级螺纹钢筋锚杆），将试验锚杆杆体的变形分为弹性变形、塑性滑移变形和脱黏变形 3 个阶段。如图 7-11 所示，随荷载增加剪应力分布向荷载远端扩展，靠近载荷端锚杆开始脱黏，脱黏后的剪应力只剩下摩擦阻力，因此锚固力增加的不大。当锚固长度达到一定时，继续增加锚固长度时就没有什么意义。

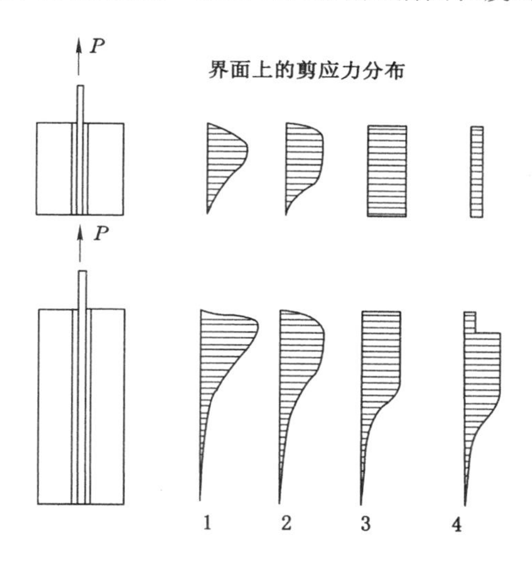

1—弹性形变；2—弹塑性形变；3—脱黏出现；4—脱黏段发展。

图 7-11　锚固长度与锚固体剪应力关系[312]

范世民[313]以美国伊斯唐（EASTERN）公司生产的型号为 F1F 的机械式锚头锚固锚杆为例分析了锚杆长度对锚固力的影响。机械式锚头直径 27 mm，锚固长度 5.4 cm，锚固力 80 kN，而树脂锚杆要达到同样的锚固力，则长度为 40 cm，故认为在保证同样锚固力的前提下，锚杆的锚固长度小，锚杆的作用效果依然好。

由以上研究可以看，现有锚杆长度的研究较多是关注锚杆自身的受力状况，很少关注被锚固围岩的响应。但从锚杆支护的作用机理来看，应充分地发挥岩体自身稳定能力，即在锚杆锚固力的作用下，锚固端和托板之间的围岩就处于压应力之下，致使岩体摩擦阻力增大，应力分布与应力状态改变，从而充分发挥和利用围岩本身的强度、提高围岩的稳定性与自承能力，防止围岩产生松动塌落。故本章从受锚固的围岩的稳定性与自承能力的角度，结合开磷集团马路坪矿的实际情况来分析锚杆的有效长度。

二、马路坪矿锚网喷巷道支护数值分析

马路坪矿各中段大巷断面形状为三心拱形，巷道设计掘进高度 4.02 m，设计掘进宽度 4.74 m，采用两次喷射混凝土＋树脂锚杆＋金属网的支护方式，锚杆长度 2.0 m，巷道断面成形后一般先喷 40～60 mm 混凝土，然后再打锚杆和挂网，最后二次喷浆到设计厚度 120 mm，支护断面形状与支护方式如图 7-12 所示。

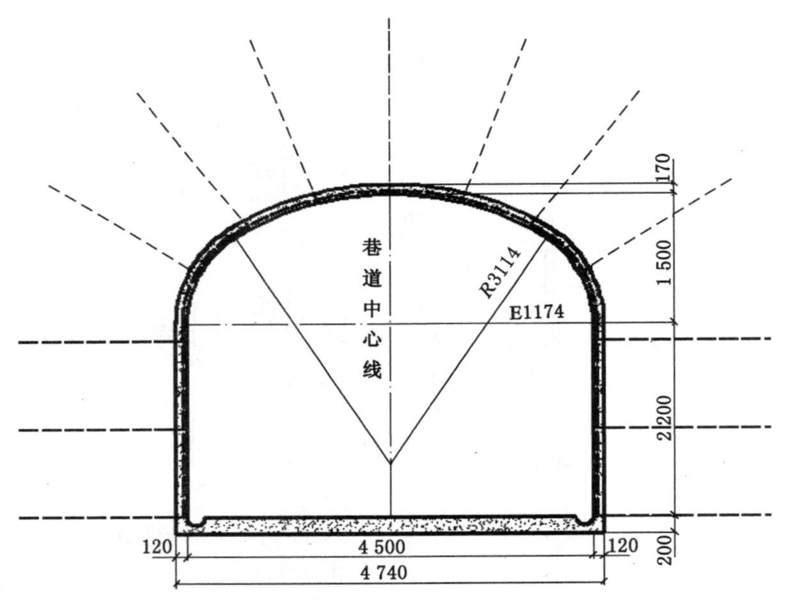

图 7-12　马路坪矿现有支护方案

马路坪矿现有支护方案存在以下不足：

(1) 未考虑锚杆长度的适用性。对于现有设计长度为 2.0 m 的锚杆，是否能达到最佳的支护效果，应做杆体长度优化对比分析。

(2) 未考虑红页岩倾斜层状节理的影响。对于布置在有倾斜层理的红页岩中的开拓巷道，锚杆顺层和穿层布置与否会很大程度影响支护效果。

(3) 未考虑巷道底板的承载能力对整体支护结构的影响。巷道底板承载能力效果的好坏，对顶板和两帮的支护效果起到至关重要的作用。

1. *砂岩巷道数值模拟计算分析*

为探讨锚杆长度对砂岩巷道围岩支承应力的影响，依此在有限元软件ANSYS中分别建立了无支护和不同锚杆长度的三心拱巷道平面有限元模型，如图 7-13和图 7-14 所示。为了减少边界效应对计算模型的影响，整个模型高 80 m，宽 160 m，砂岩基本力学参数：抗压强度 $\sigma_c=128.58$ MPa，抗拉强度 $\sigma_t=4.39$ MPa，弹性模量 $E=22$ GPa，泊松比 $\mu=0.22$，黏聚力 $c=18$ MPa，内摩擦角 $\varphi=46°$。围岩单元采用 plane42 单元，符合德鲁克-布拉格(Drucker-Prager)强度准则；混凝土采用 plane42 单元，定义为弹性材料；锚杆单元采用 Link1 单元，锚固方式为全长锚固；施加的边界压力垂直方向 1.78 MPa，水平方向 4.95 MPa。

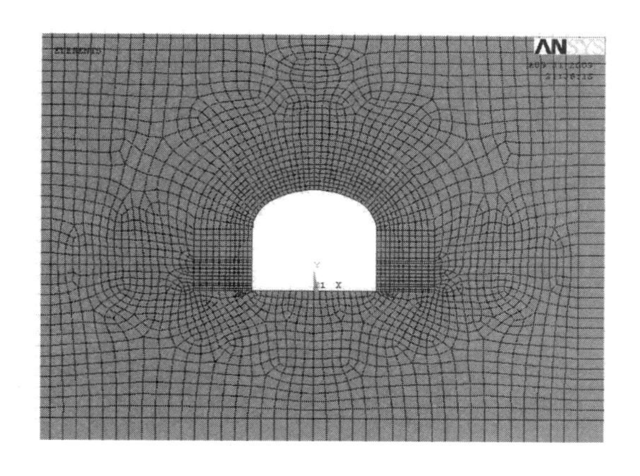

图 7-13　无支护的计算模型(部分)

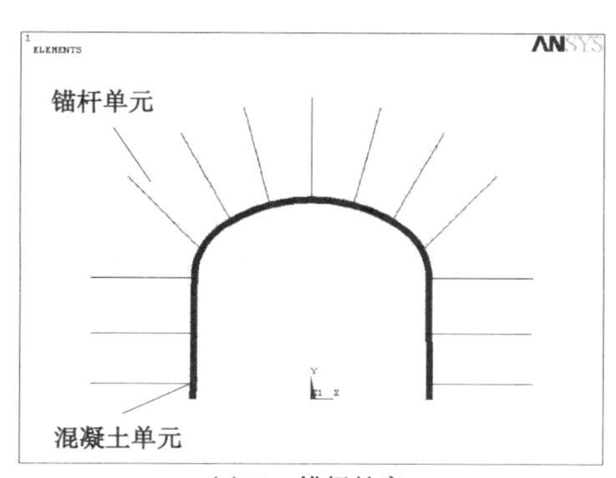

(a) 2 m锚杆长度

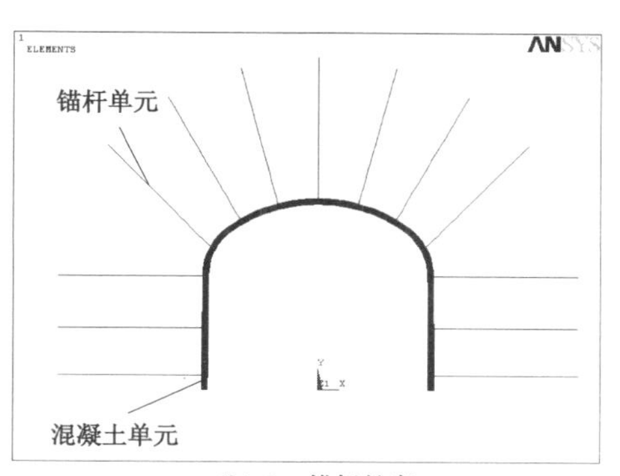

(b) 3 m锚杆长度

图 7-14　不同锚杆长度的计算模型

比较的锚杆长度工况有 9 种，即 1.75 m、2.0 m、2.25 m、2.5 m、3.0 m、3.25 m、3.5 m、4.0 m、4.5 m。

对比分析在无支护条件及不同锚杆长度支护下的砂岩巷道围岩内部的支承应力(切向应力)变化情况，取距离底板 1 m 高的位置进行分析，如图 6-3 所示。

图 7-15 为无支护条件和有支护条下三心拱砂岩巷道围岩垂直应力分布云图；图 7-16 为不同锚杆长度支护条件下砂岩巷道围岩支承应力的分布曲线。由图 7-16 可以看出：

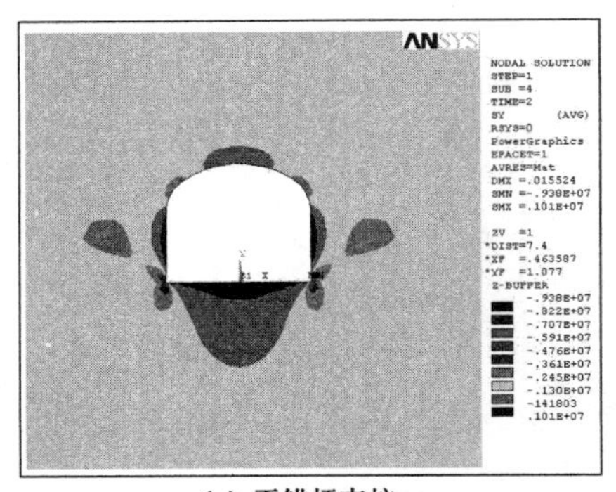

(a) 无锚杆支护

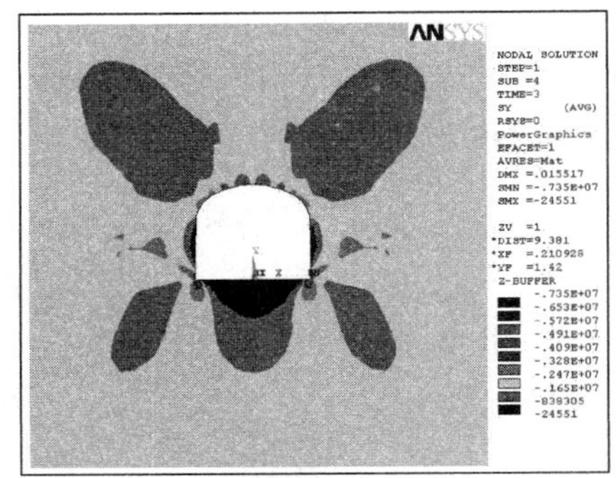

(b) 2 m锚杆支护

图 7-15　砂岩巷道围岩垂直应力云图

(1) 随着锚杆长度的增加，砂岩巷道围岩的支承应力峰值向围岩内部转移，并逐渐出现两个应力峰值，表明在锚杆锚固力的作用下，靠近巷道自由面的软化岩体开始发挥承载能力，如图 7-16(a)至图 7-16(d)所示。

(2) 靠近巷壁软化岩体的承载峰值随锚杆长度逐渐增大，但锚杆长度继续增加对提升该处围岩的承载能力有限，峰值应力仅略有增加，如图 7-16(e)至图 7-16(g)所示。

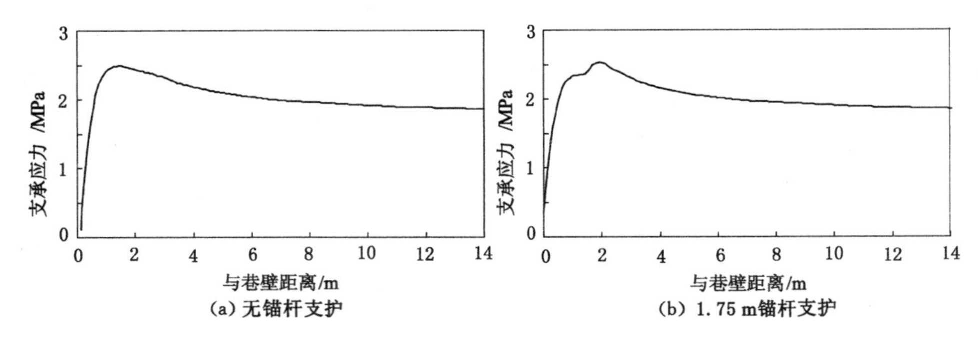

(a) 无锚杆支护　　(b) 1.75 m锚杆支护

图 7-16　砂岩巷道不同锚杆长度围岩支承应力曲线

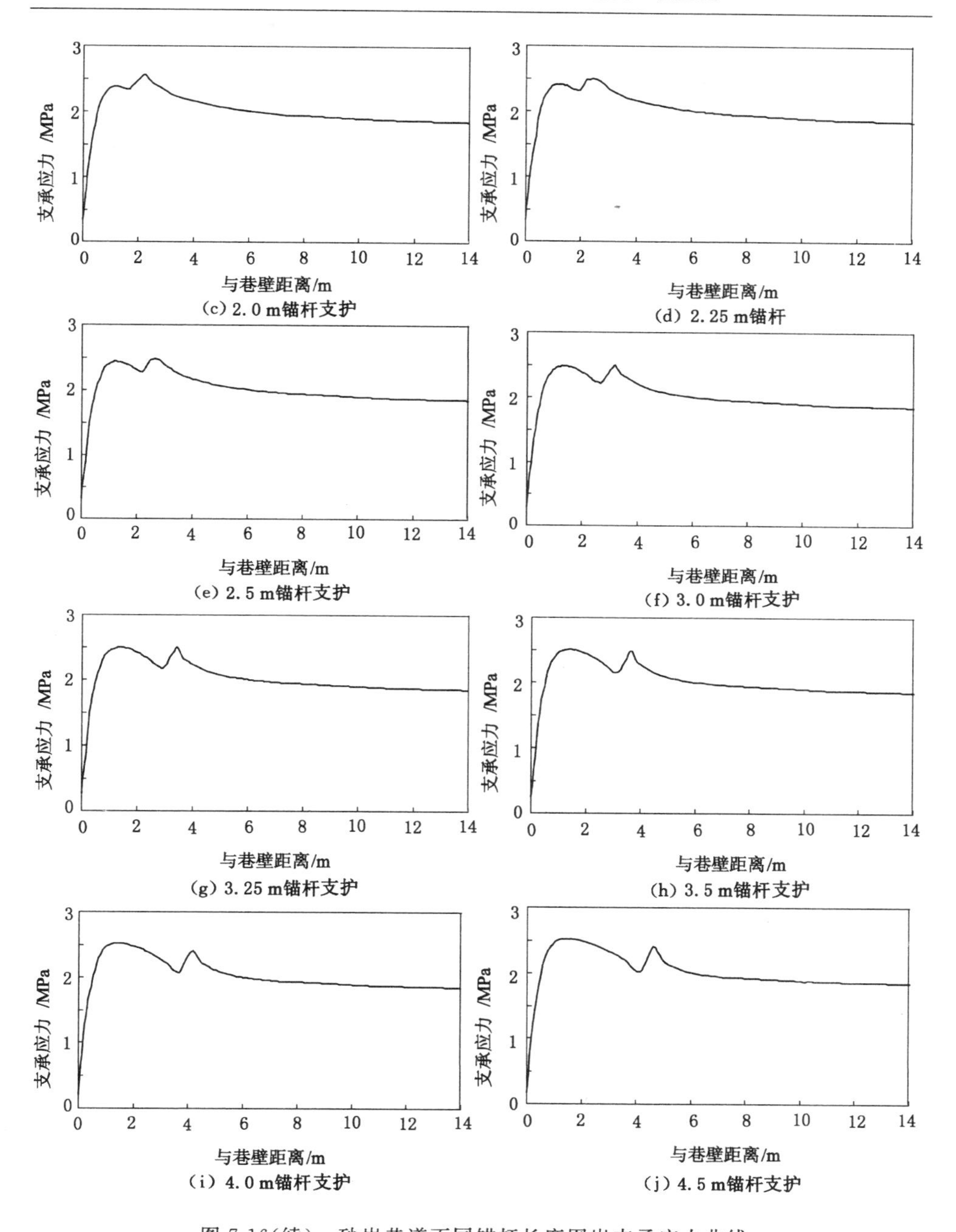

图 7-16(续)　砂岩巷道不同锚杆长度围岩支承应力曲线

(3) 随锚杆长度增大，靠近巷道自由面的软化岩体最终会成为主要的承载结构，其支承应力类似无支护条件下的支承应力曲线，但岩体的自承载能力提高，如图 7-16(h)至图 7-16(j)所示。

(4) 通过比较各支承应力曲线可以看出，当锚杆长度超过 2.5 m 时，软化岩体的支承应力增加不大，锚固区外深部岩体的承载能力降低，如图 7-16(f)至图 7-16(g)所示。

由上分析，对于砂岩巷道，锚杆长度 2.5 m～3.0 m 时最优，这个锚杆长度范围内已能使围岩共同作用形成两个相同承载能力的支承结构，充分发挥锚固区软化岩体与锚固区外深部岩体的自承载能力。锚杆长度继续增加，对提高围岩体承载能力的意义不大，这与杨春丽等[314]研究的数值模拟结果是一致的，其采用 3D-σ 软件分析了金川二矿区深部巷道 1178 分段锚喷网加锚索加底锚的支护效果，结果也表明锚杆的长度对支护效果影响不是很大。

2. 红页岩巷道数值模拟计算分析

为探讨锚杆长度对红页岩巷道围岩支承应力的影响，与砂岩巷道建立了类似无支护和不同锚杆长度的三心拱巷道平面模型，为了分析的方便，不考虑红页岩层理的影响。红页岩基本力学参数：抗压强度 σ_c = 34.37 MPa，抗拉强度 σ_t = 2.68 MPa，弹性模量 E = 8.9 GPa，泊松比 μ = 0.33，黏聚力 c = 7 MPa，内摩擦角 φ = 43°。其他参数与砂岩巷道分析相同。

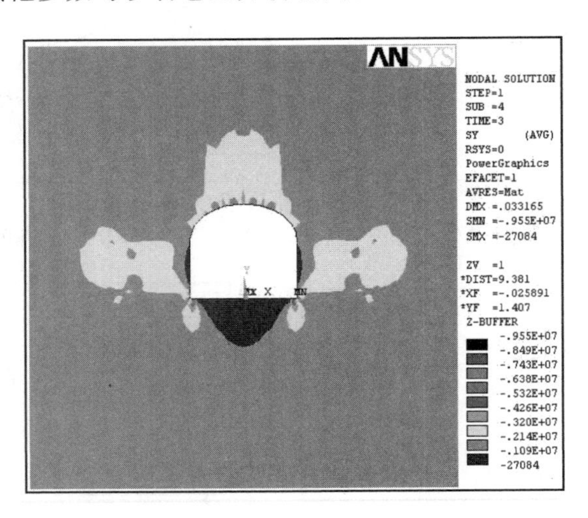

图 7-17　红页岩巷道围岩垂直应力云图(2 m 锚杆)

比较的锚杆长度有：2.0 m、2.5 m、2.75 m、3.0 m、3.25 m、3.5 m。图 7-17 为 2 m 锚杆支护条下三心拱红页岩巷道围岩垂直应力分布云图；图 7-18 为不同锚杆长度支护条件下红页岩巷道围岩支承应力的分布曲线。

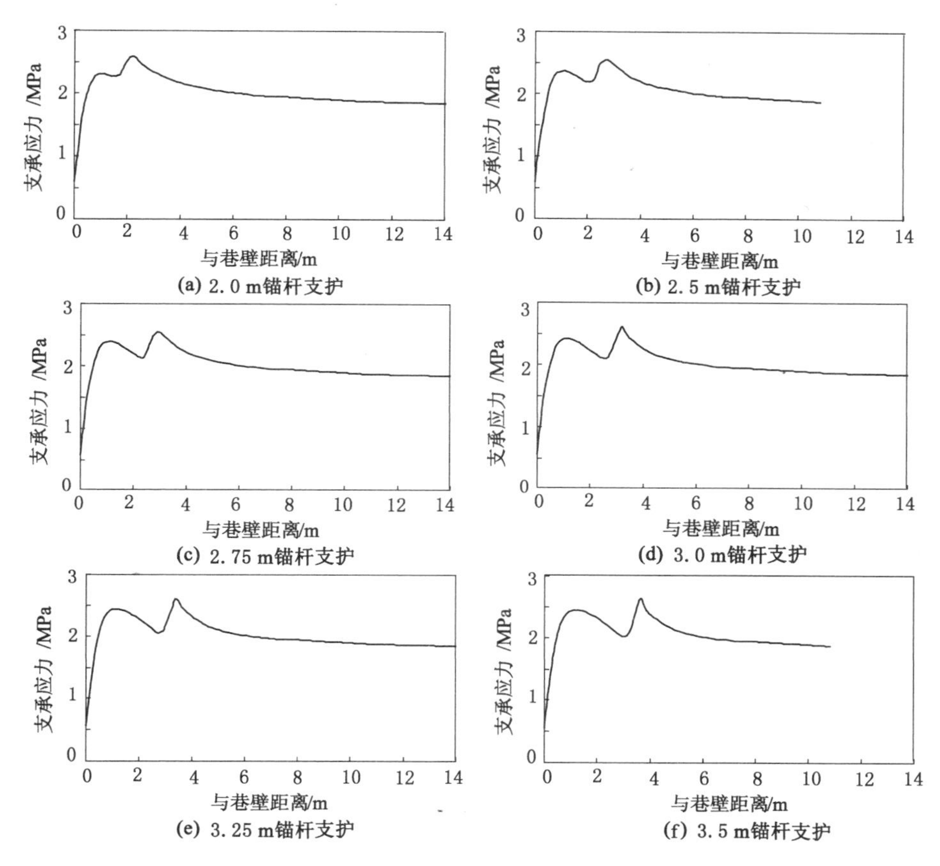

图 7-18 红页岩巷道不同锚杆长度围岩支承应力曲线

由图 7-18 可以看出：

(1) 随着锚杆长度的增加，红页岩巷道与砂岩巷道类似，围岩的支承应力向围岩内部转移，并逐渐出现两个应力峰值。锚杆长度继续增加对提高靠近巷道自由面的软化岩体的承载能力不大，但能够提高深部岩体承载能力。这是与砂岩巷道存在的差别。

(2) 比较各支承应力曲线可以看出，当锚杆长度超过 2.75 m 时，软化岩体的支承应力增加不大。

由上分析，对于红页岩巷道，锚杆长度 3.0 m 时最优，这个长度范围内已能充分发挥锚固区软化岩体的自承载能力，虽然锚杆再增长能提高锚固区外深部岩体的自承载能力，但支护成本会有所提高，应考虑采取其他措施来改善支护效果，这与宋桂红[315]对加锚裂隙岩体的试验结果相同。研究表明，当岩体本身的强度过低时，锚固材料基本上不能改善岩体力学性能。

第四节　岩爆围岩控制原则及动静组合支护原理

一、基于时变结构的岩爆控制原则

岩爆控制的基本原则应该是控制岩体应力状态的极端恶化，冯涛等[52]在总结前人研究成果的基础上提出了5个控制岩爆的具体原则：

(1) 应力转移原则。利用钻孔卸压、松动爆破等应力降低措施，将硐室表面附近集中的高应力向岩体深部转移，利用深部岩体处于三向应力状态强度大的有利特点来保证岩体的稳定性，尤其适用于岩体表面结构失稳破坏型岩爆。

(2) 改善围岩原则。采用软化围岩或补强围岩的措施保证降低围岩的贮能或提高承载能力。软化围岩措施适用于高应力区坚硬围岩，补强围岩措施适用围岩被结构面切割的区域。

(3) 避免扰动原则。当产生岩爆的静力条件被满足时，围岩结构将处于非稳定平衡状态，外界扰动因素就上升为引起岩爆的主要因素，这时对扰动因素的控制就是防止岩爆的关键。

(4) 柔性支护原则。也就是说，要求当围岩发生突然变形，支护结构能有与之相适应的动态响应，产生一定的非弹性变形，随围岩变形能保持或逐步提高支护强度。

(5) 耗能结构原则。在围岩和支护结构中，设置耗能构件，通过非弹性位移来耗散一部分岩爆传递的能量的岩爆防冲击层和支护结构，既起到支护作用，也可以吸收一部分动能。

以上原则的前三条主要是依据区域性防范措施与局部解危措施提出，后两条原则主要是对岩爆支护技术从岩爆静力学机理的角度来研究的，尽管涉及了岩爆动力学机理的防治，但也是从巷道壁支撑构件(混凝土)的柔性来采取措施，如按耗能结构原则提出采用U型钢支架等摩擦式支架；同时，虽然提出采用特殊的高拉伸性物料(如让压性胀管式锚杆)和专门的滑动机构(如锥形锚杆或管缝式锚杆)等让压构件[52]，但主要也是想将支护构件紧缚到稳定岩层上，防止重力驱动的岩石崩落。可以说，从根本上还未对岩爆支护技术中涉及的岩爆动力学问题予以解决。为此，本章从时变结构动力学的角度，从围岩本身的时变力学特性入手，提出了岩爆防治的时变控制原则和应力极值原则。

1. 时变控制原则

钱鸣高等[104]指出在“支架-围岩”力学平衡系统中，巷道支架只能承担极其有限的一小部分载荷，支架在围岩内部应力平衡关系中所起的作用是微小的，更不能企图依靠支架去改变围岩的运动状态；但支架的这个微小的支撑力又是极其重要和必不可少的，能控制围岩塑性区的再发展和围岩的持续变形，保持围岩的稳定。地下工程中围岩不仅是施载体，在一定条件下还是天然承载构件，上覆岩层的绝大部分重量完全是靠自身形成的承载结构承担的。因此，支架结构及性能的设计必须符合巷道围岩运动规律，只有这样才能使支护结构设计既经济又合理。

如第三章所述，围岩自稳结构的时变动力学特性主要表现在围岩深部岩体，即破裂软化区和弹性区的边界、岩石力学特性等会随时间发生变化的，岩爆是满足某种条件下围岩内部自稳时变结构调整的过程。因此，进行岩爆控制时，可以从两个方面入手：

1）岩爆支护结构应控制围岩深部岩体

岩爆是人工开挖诱发的一种人为事件，尽管岩爆受到围岩岩性及地应力等背景条件的控制，但如果岩石不被挖走，岩体还会安然无恙地处在地下深处。反过来，如果被挖走的岩石能原样的回填入开挖的硐室，则围岩稳定，不会发生岩爆。时变判据表明，$\mathrm{d}m/\mathrm{d}t < 0$ 时可诱发岩爆，因此要达到防治岩爆的目的，应增加自稳时变结构的质量，即通过调整增加破裂软化区和弹性区的范围都是有效的方法。

要实现对围岩深部岩体的控制，锚杆支护是理想的手段，锚杆能有效调控围岩的自承载能力，而不仅是传统支护中被动地控制岩爆巷道围岩自由面动力破坏。岩爆是高应力条件下发生的，支承应力曲线表明围岩深部岩体所处的应力状态更高，这又要求控制岩爆用的锚杆应具有较高的强度。

2）岩爆支护结构应适应围岩深部岩体的时变性

如第三章所分析，各围岩时变结构接触边界处和硐室自由面这两处的岩体为单轴或双轴状态或所受围压较小，较其他位置的岩体更容易发生时变破坏，导致相应时变结构体系质量减少；另外，由第六章可知，时变结构内部破裂区（软化区）和弹性区边界易产生应力波边界效应。因此，锚杆支护具有较高强度的同时，应具有时变性，很有必要采用某种形式的可伸缩锚杆，以适应围岩内部时变破坏所需要的补偿空间。

2．*应力极值原则*

许强等[316]认为，扰动诱发地质灾害发生的机理归结为两种效应：临界微扰效应和超前强扰效应。当系统处于临界状态时，任何微小的扰动（简称微扰）都不可忽视，它往往起着诱发（触发）系统失稳的作用；通过高强度的扰动，超前强扰可诱发系统失稳，但与扰动强度有关，而且扰动方向也必须满足一定的条件，否则强度再大的扰动也不一定导致系统失稳。

左宇军等[317]采用 RFPA^{2D}分析了动力扰动对深部岩巷破坏过程的影响，当巷道埋深较大时，越来越接近临界稳定状态，较小的扰动便可以导致裂纹的大规模瞬时动力扩展，诱发巷道的失稳破坏，并伴随着应变能的高速释放。对于竖向静压为 10 MPa 的岩石结构在相同动力扰动下只有破坏没有整体失稳，而对于竖向静压为 20 MPa 的岩石结构在相同动力扰动下发生了整体失稳破坏。

李夕兵等[36]采用 FLAC^{3D}对深部开采圆形矿柱进行高应力下动力扰动数值计算，结果表明：承受高应力的岩体，随着所受初始静载应力的增大，外界的动力扰动对其影响就越明显。

由以上研究可以看出，承受高应力的岩体更易受扰动的影响而产生岩爆，因此，根据第四章图 4-6 开磷集团马路坪矿实际巷道破坏情况，易发生岩爆的位置主要在如图 7-19 所示的应力极值区，即顶板中部拱脚和底角部分。岩爆巷道支护时应对承受高应力的岩体进行加强支护，但现有岩爆巷道支护缺乏针对性，故本书提出应力极值支护原则，在硐室的应力极值区采用加强支护，以抵制高应力下动力扰动的影响。

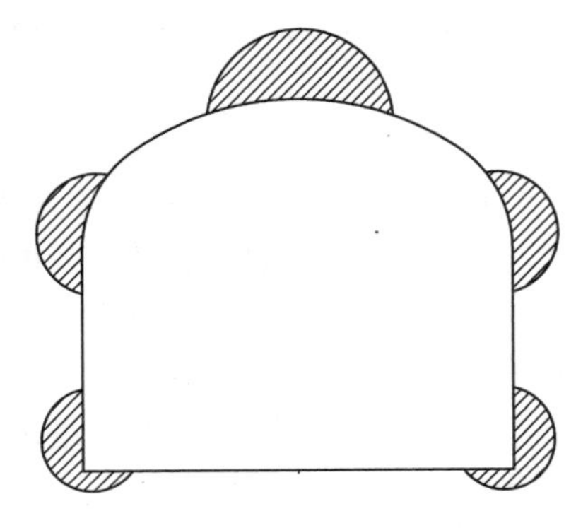

图 7-19　三心拱巷道易发生岩爆的位置

二、岩爆巷道动静组合支护原理

岩爆发生涉及岩石动力学与岩石静力学两方面的范畴，因此岩爆支护技术应不同于常规支护，基于岩爆动力学机制的岩爆支护与基于岩爆静力学机制的岩爆支护应该是同等重要的，本书根据时变控制原则和应力极值原则首次提出动静组合的支护方式。岩爆动静组合支护方式与传统的刚柔支护方式既存在很多相似的地方但又有所不同，这里在对比二者异同的基础上，研究了考虑岩爆动力学的具有动静组合效果的锚杆及其锚固方式等关键性问题。

1. 动静组合支护与刚柔支护的相同点

目前巷道支护构件有两种：一是深入岩体内部的支护构件；二是覆盖于巷道表面的支护。表面支护主要起承托作用，有喷射素混凝土、喷射钢纤维混凝土、挂金属网和钢缆等措施；内部支护对岩体起加固和补强作用，主要是锚杆(索)[38]。岩爆动静组合支护方式与传统的刚柔支护方式都涉及以上两种形式的支护构件。

在巷道表面支护方面，岩爆动静组合支护方式与传统的刚柔支护方式是完全相同的。为了保持支护系统在遭受岩爆冲击后的完整性，都应采用强化喷射混凝土进行表面支护，强化的方法也相同，如采用挂金属网（一般用焊接网），或者是喷射钢纤维混凝土，喷射混凝土厚度不宜小于 100 mm。对于可能遭受强烈岩爆破坏的巷道，还应辅以钢缆，钢缆的作用主要是防止岩爆产生的岩块的掉落。

在岩体内部的支护方面，根据时变控制原则和应力极值原则，除应力极值点外（以三心拱为例，即顶板中部，拱脚和底角），岩爆动静组合支护方式与传统的刚柔支护方式亦可采用相同的锚杆参数。

对于易爆岩层的支护来说，支护结构必须具有很好的延展性是一个基本特征，支护系统在产生一定的变形（位移）之后，必须能重新建立一个静态平衡。岩爆动静组合支护方式与传统的刚柔支护方式都具有延展性。

2. 动静组合支护与刚柔支护的区别

岩爆动静组合支护方式与传统的刚柔支护方式的不同点，体现在延展性的设计理念。

就材料的力学性质而言，延展性的增大意味着极限强度的减少，传统的刚柔支护方式认为对于一个支护系统来说，它是多支护单元的组合，就整体而言可以相互弥补强度降低的不足[297]。传统的刚柔支护方式主要是改进巷道表面的支护来提供延展性，如使用金属支架或喷射混凝土加入钢纤维等；在岩体内部的支护构件方面，中等强度以上岩爆可以采用砂浆锚索（特别是废旧提升钢绳，可以利用除油不彻底导致钢绳在砂浆内滑动且仍有一定抗力这一让压特性）、优质胀管式锚杆和南非发明的锥形砂浆锚杆支护。凯泽（Kaiser）等[318]给出了常用锚杆的实测受力-变形曲线（图 7-20）；可以看出：现在技术较成熟的延性锚杆主要有管缝式锚杆和水力膨胀式锚杆两种，主要是基于大变形的软岩条件设计的，这两种锚杆的延展性比螺纹锚杆要大很多，但它们的承载强度却比螺纹锚杆低很多，只是在大变形软岩条件下可以较好应用。如果存在有较高地应力，则不太适用；而砂浆锚索承受弯剪的能力较弱，在岩爆硬岩条件下也不太适用。

在高地应力有岩爆倾向条件下，一种理想的锚杆应当是既能在其破坏失效前提供像管缝式锚杆一样的大变形能力，以提供岩石破坏扩容碎胀的空间，又能提供较高的承载能力，具有和普通螺纹锚杆一样高的强度，同时采用适应围岩内部时变性的锚固方式，符合这种条件的锚杆可以称之为动静组合锚杆，能够满足岩爆倾向条件下的岩石支护。

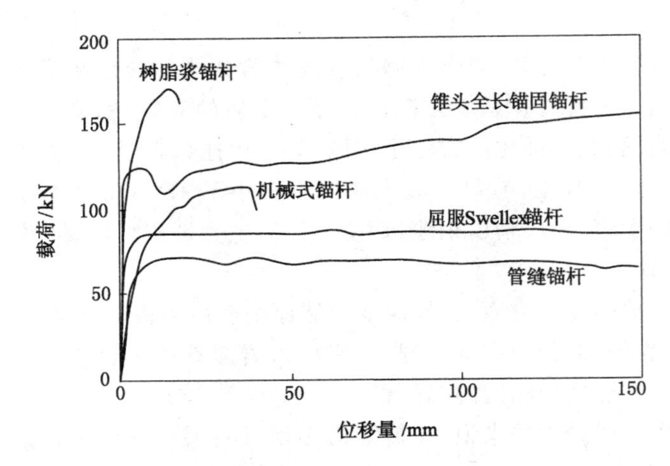

图 7-20 锚杆实测受力-变形曲线[318]

第五节 动静组合支护关键技术及初步应用

岩爆动静组合支护原理充分借鉴前述现有防岩爆支护系统的优点，结合高应力条件下硬脆围岩岩爆动力学破坏特点，其实质是一种克服硬脆围岩巷道壁面层裂和内部围岩动力扰动的破坏影响而保持高承载、持续让压变形能力的新型支护方法，相应地提出预留锚固方式、动静组合锚杆两方面的岩爆控制关键技术。

一、预留锚固方式

1. 全长锚固和端头锚固、预留锚固

目前锚杆的锚固方式主要有集中端头锚固和全长锚固[319]，全长锚固是锚杆与围岩（煤层）沿锚杆的全长锚固；端头锚固是锚杆与围岩（煤层）局限于锚杆里端端头较短长度的锚固。端锚锚杆仅锚头与孔底岩体固结在一起，中部杆体与孔壁岩体不相接触，主要依靠托板阻止围岩径向位移，对围岩施加径向支护力，即托锚力。端锚锚杆托锚力在围岩变形损伤过程中很易丧失。全锚锚杆将围岩与锚杆黏结成整体，除托锚力外，锚杆通过黏结剂，使锚杆与围岩产生剪切作用，抑制围岩变形，这种黏锚力对稳定围岩起着重要作用[320]。为实现可伸长锚杆的变形让压功能通常采用端头锚固的方式，即仅锚头一定长度杆体与孔底岩体锚固接触而锚杆尾用托板预紧，可伸长构件不与岩体接触。

岩爆巷道破坏不同于软弱围岩变形连续而保持围岩完整性，马路坪矿岩爆

巷道常发生表面岩体破裂，导致锚杆托板悬空，如图 7-21 所示。此时端头锚固的锚杆将失去了加固围岩的作用，从而进一步诱发该锚杆支护区域的围岩发生破坏。因此，可伸长锚杆采用端头锚固时，在硬岩条件下往往起不到锚固的效果，尤其在孔口增加弹簧或增加横向压缩钢管或塑料压缩筒等的可伸长锚杆，完全受限于托板的安装质量及与岩壁的接触情况。一旦托板失效，则根本无法发挥变形让压的作用。

(a) 锚杆托板悬空

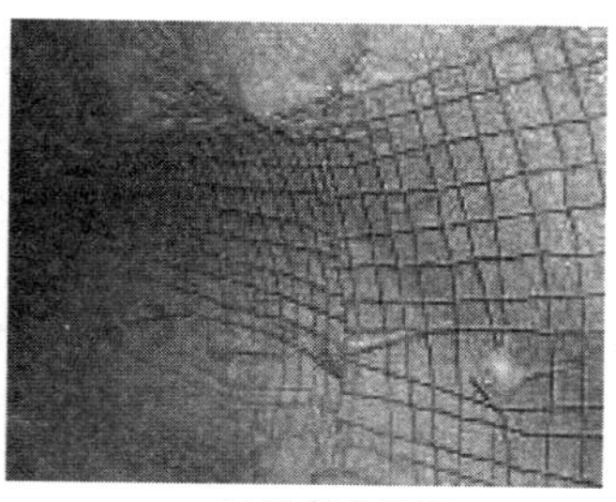

(b) 边帮金属网

图 7-21 马路坪矿巷道锚杆表面岩体脱离[321]

根据结构时变控制原则，可伸长锚杆的变形构件应设置在围岩体内部，为避免端头锚固时表面易失效的问题，本章提出预留锚固方式，即预留锚杆中部的可伸长构件不锚固外，其余部分的锚杆体采用全部锚固。

2. 预留锚固的安装方法

根据现有锚杆的紧固安装的方式[319]，预留锚固方法可采用树脂锚固剂黏结或与注浆锚固相结合的方式实现，如图 7-22 所示。

树脂锚固剂由树脂胶泥和固化剂两种组分组成，它具有“双快一高”的特性，即固化时间快（速度可调）、强度增长快、强度高。安装后不仅能及时承受载荷，且锚固力大。防水型树脂锚固剂是一种可在水中安装、固化的新型树脂锚固剂，在遇水工程的应用中表现性能良好[321]。树脂锚固剂主要技术参数见表 7-6。

表 7-6 树脂锚固剂主要技术参数[321]

技术参数	产品规格			
	超快速（CK）	快速（K）	中快（Z）	慢速（M）
凝胶时间/s	8-40	41-90	91-180	＞180
等待时间/s	10-60	90-180	480	——

表 7-6(续)

技术参数		产品规格			
		超快速(CK)	快速(K)	中快(Z)	慢速(M)
抗压强度/MPa	全锚	≥40	≥40	≥40	≥40
	端锚	≥60	≥60	≥60	≥60

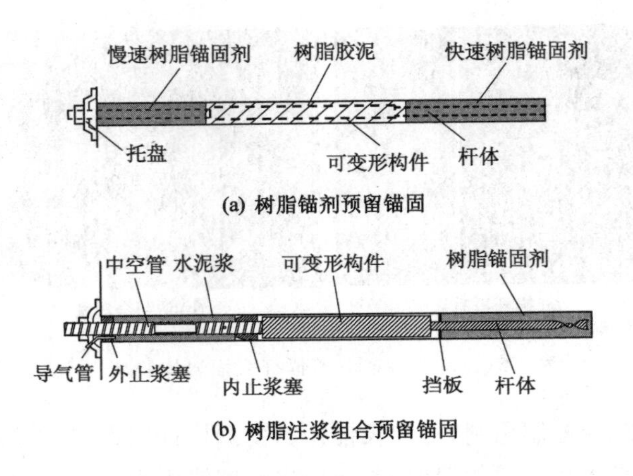

(a) 树脂锚剂预留锚固

(b) 树脂注浆组合预留锚固

图 7-22 预留锚固方法

1）树脂锚固剂预留锚固方法

树脂锚固剂预留锚固方法首先要根据孔径和杆径选择适宜直径和长度的树脂锚固剂用于锚杆两端的锚固，预留段内装入无固化剂的树脂胶泥以隔离 2 个锚固段；2 个锚固段的树脂锚固剂凝固速度有不同：杆头锚固段选用快速树脂锚固剂，杆尾锚固段选用慢速树脂锚固剂。安装时，可将快速树脂锚固剂放置在钻孔里端，树脂胶泥在钻孔中部，慢速树脂锚固剂放置在钻孔外端，锚杆杆体在安装机具的带动下自钻孔口向里开始边旋转边推进，将锚杆杆体推进到钻孔底部以后，钻孔内的树脂锚固剂充分混合后发生化学反应开始凝固。快速树脂锚固剂到达凝固时间后，开始上托盘螺母对锚杆进行预紧，从而完成可伸长锚杆的树脂锚固剂预留锚固。

2）树脂注浆组合预留锚固方法

树脂注浆组合预留锚固方法同样要根据孔径和杆径选择适宜直径和长度的树脂锚固剂用于杆头部分锚杆的锚固。锚杆孔成形后，首先往孔底装入相应的树脂锚固剂，旋入锚杆充分混合树脂锚固剂使杆头部分杆体被黏结锚固，挡板可防止锚固剂流入可伸长预留空间；达到锚固剂凝固时间后，开始上螺母和托盘对整体锚杆进行预紧，形成预应力。随后，通过杆尾部分锚杆的中空管进行注浆，浆体从出浆孔流出，内止浆塞可防止浆体流入可伸长预留空间，孔内空气由导气管逐渐排出，直到杆尾部分杆体被黏结锚固。至此，完成可伸长锚杆的树脂注浆组合预留锚固。

二、动静组合锚杆

1. 动静组合锚杆材料

在高地应力有岩爆倾向条件下，理想的锚杆应当是既能在其破坏失效前提供管缝式锚杆的大变形能力，以提供岩石破坏扩容碎胀的空间，又能提供高承载能力，具有螺纹钢锚杆的高强度，同时采用适应岩爆围岩内部时变性和破坏特点的预留锚固方式，符合这种条件的可伸长锚杆可称之为动静组合锚杆。根据岩爆发生的高应力的条件，动静组合锚杆能提供较高的承载能力，具有和普通螺纹锚杆一样高的强度。候朝炯等[300]对比了 Q235 低碳圆钢和 20MnSi 螺纹钢两种材质、不同直径的杆体可伸长锚杆的力学特性，螺纹钢锚杆的力学性能优于低碳圆钢，如图 7-23 所示；另外，该文献对 ϕ18 mm 螺纹钢锚杆也进行了试验，其极限载荷达 137 kN，延伸率为 20%。因此，本章动静组合锚杆材料选用在工程实践中常用的螺纹钢材料是合适的。

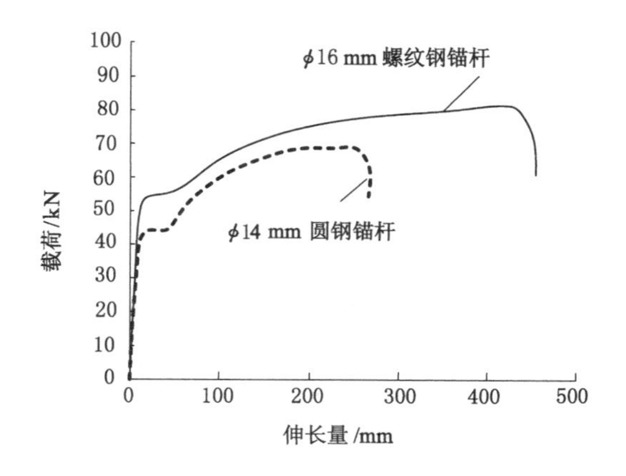

图 7-23　螺纹钢锚杆和圆钢锚杆的受力特性[300]

2. 动静组合锚杆的可伸缩构件

尽管目前很多研究已经注意到选择可伸长锚杆对强冲击大变形硐室进行支护的重要性，前述可伸长锚杆具有一定的让压性，但均未能得到很好的推广应用[302]，主要有以下原因[303]：

（1）预应力太小，锚杆支护系统难以阻止顶板离层和围岩松动圈的发展，导致围岩有害变形加大。

（2）锚杆强度低，难以适应岩爆巷道的高应力状态。

（3）让压设计不合理，未考虑岩爆围岩片剥层裂的破坏特点，尤其采用端锚方式让压，一旦锚杆托板处的围岩破坏，则丧失锚固能力。

为克服马路坪矿岩爆巷道发生表面岩体破裂导致锚杆托板悬空的问题，根据时变控制原则和岩体内部的时变性，时变结构内部破裂区（软化区）和弹性区边界易产生应力波边界效应，因此可伸长构件应设置在破裂区（软化区）和弹性区边界附近，在给应力波边界效应区的岩石提供一定扩容变形的同时，软化区岩体内全长锚固的锚杆还能对破裂的岩石提供补强的作用。为此，在结合现有研究成果的基础上，提出 3 种形式的动静组合锚杆，如图 7-24至图 7-26 所示。

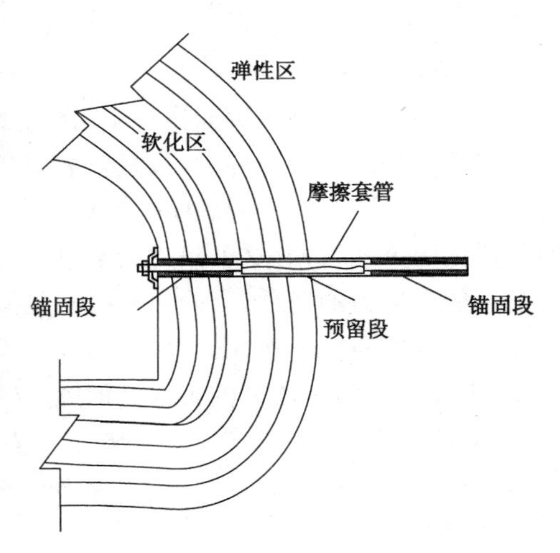

图 7-24　摩擦式动静组合锚杆

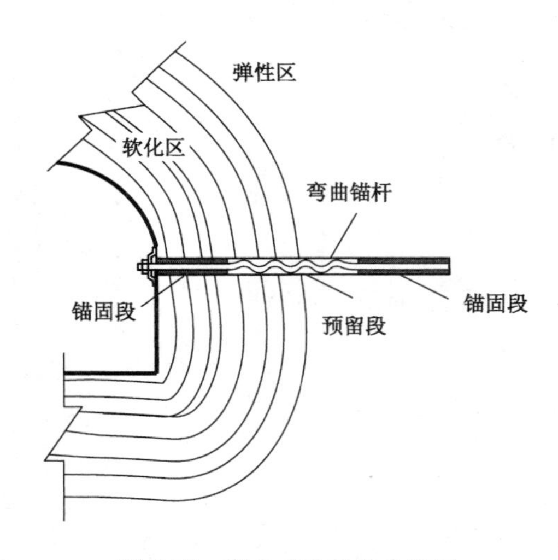

图 7-25　弯曲式动静组合锚杆

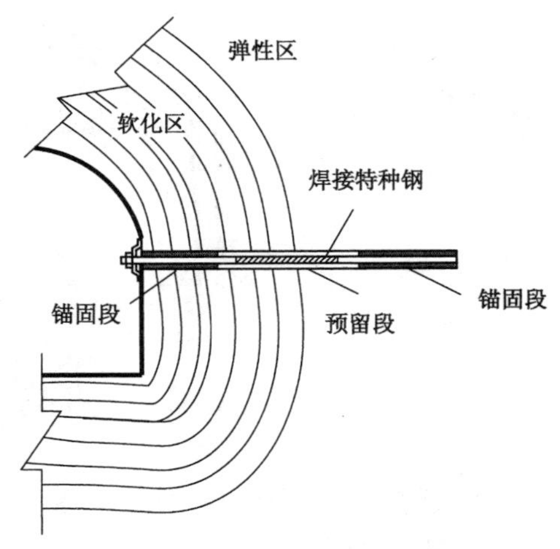

图 7-26　焊接式动静组合锚杆

三、马路坪矿深部巷道岩爆防治初步应用

1. *砂岩岩爆巷道动静组合支护方案*

针对马路坪矿现有巷道支护的不足，根据马路坪矿三心拱巷道受地应力作用表现出的切向应力集中的位置主要在顶、肩、底角，如图 7-19 所示。根据前述时变控制原则和应力极值原则，在这些重要同时又是应力相对较大的位置采用动静组合锚杆。

考虑到马路坪矿现有的施工习惯，砂岩岩爆巷道动静组合支护方案与马路坪矿采用的传统巷道支护方案相比较，新方案的特点主要两个方面：第一，增加两根 45°的底角动静组合锚杆；第二，在顶、肩位置采用动静组合锚杆；整个断面锚杆的锚长为 2.5 m。其他的支护参数与现有支护方案相同。改进后的砂岩三心拱巷道支护动静组合支护形式如图 7-27 所示。

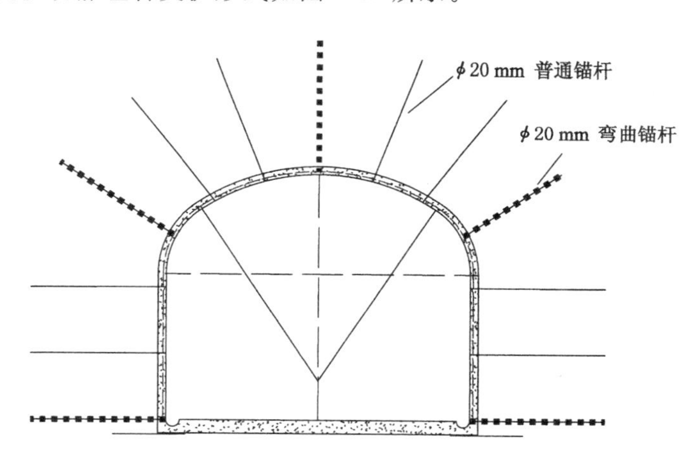

图 7-27　砂岩岩爆巷道动静组合支护方案

2. *红页岩岩爆巷道动静组合支护方案*

如图 4-20 所示，红页岩岩爆巷道在倾斜层理影响下，切向应力为不对称分布，峰值区在右帮底角。考虑到马路坪矿现有的施工习惯，红页岩巷道岩爆巷道动静组合支护方案改进的主要有 3 个方面：第一，增加两根底角动静组合锚杆锚杆；第二，在顶、肩、底角和底板这些重要位置采用动静组合锚杆；第三，与岩层层理平行方向的部分锚杆进行角度调整，锚杆轴向与层理面成 30°～50°的夹角；整个断面锚杆的锚长为 3.0 m。其他的支护参数与现有支护方案相同。改进后的红页岩岩爆巷道支护动静组合支护形式如图 7-28 所示。当红页岩巷道岩爆烈度较高时，可以在右帮底角切向应力最大处，加设一根动静组合锚杆，如图 7-29

所示。

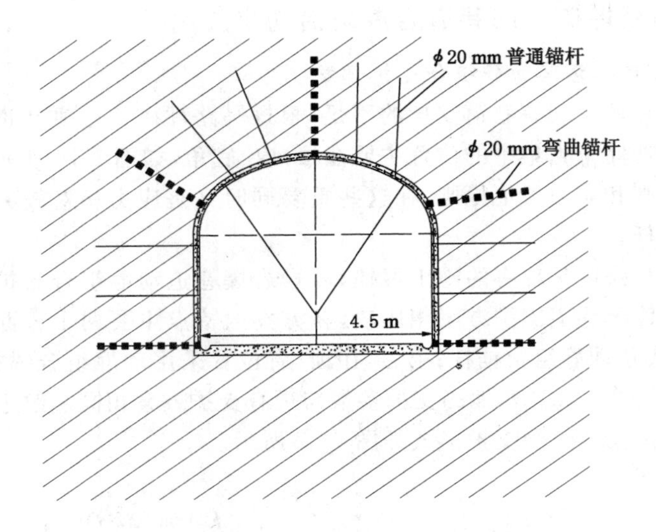

图 7-28　红页岩岩爆巷道动静组合支护方案

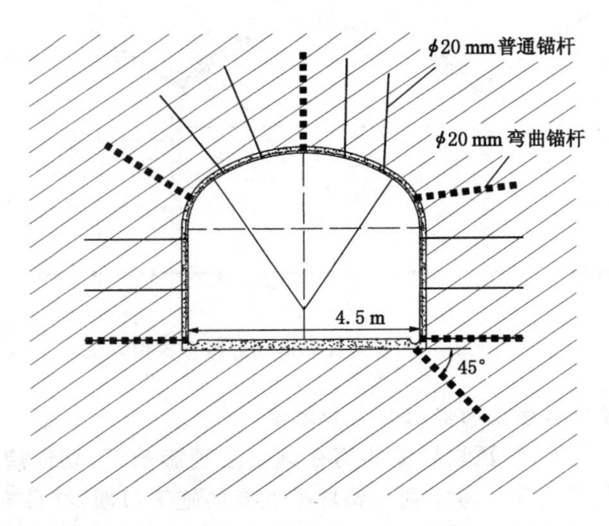

图 7-29　红页岩岩爆巷道动静组合增强支护方案

3．现场实施及效果

前述 3 种动静组合锚杆中，以弯曲式动静组合锚杆加工制作较容易，在该矿现场施工中采用弯曲式动静组合锚杆支护，选取 ϕ20 mm 螺纹钢加工，锚杆弯曲段长度约 1.1 m，其径向宽度 35 mm。弯曲式动静组合锚杆如图 7-29 所示，其中图 7-30 (a)为弯曲式动静组合锚杆的半成品，选用由邢台市荟森支护用品有限公司生产的 ϕ 25 mm 防水型树脂锚固剂进行锚固，采用配有 ϕ 35 mm 钻头的 ROBERT-5 型锚杆台车，完成钻孔和安装锚杆的工作；图 7-30(b)为锚杆安装的情形。对改进的支护方案，在马路坪矿＋640 m 水平中段运输大巷进行工业性试验，并开展了为期 3 个月的现场实录及围岩收敛量监测。

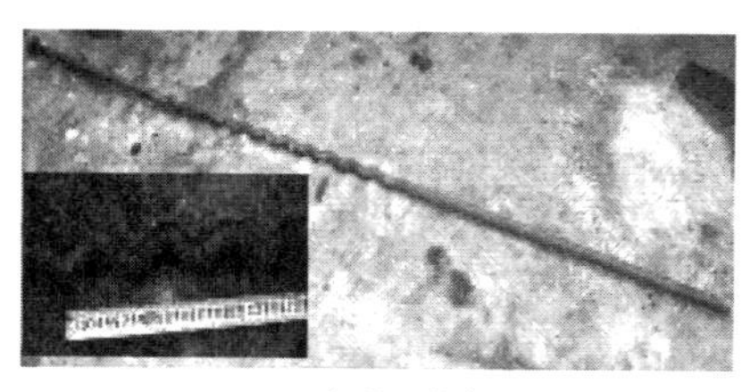

(a) 半成品锚杆

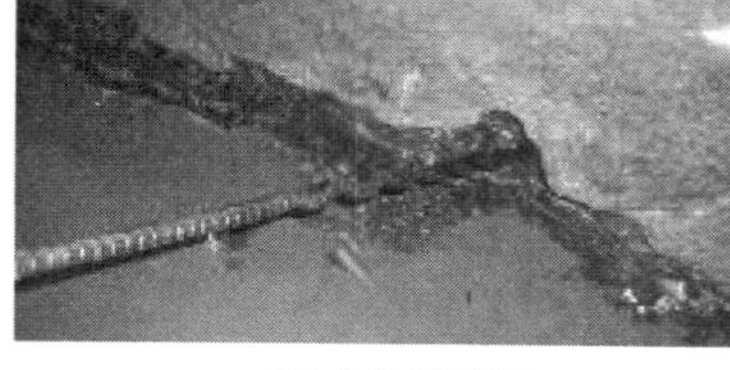

(b) 安装底锚杆

图 7-30　弯曲式动静组合锚杆

现场实施效果的实录表明，采用动静组合锚杆支护方案的试验段巷道表面平直光滑，无破裂、开缝和崩块等破坏迹象，巷道外观形貌保持得非常好。新方案支护围岩收敛量监测测得两帮移近量为 9 mm，顶底板沉降量为 7.8 mm，对比原方案，两帮移近量和顶底板沉降量分别下降 50 %左右和 78 %左右，巷道的稳定性得到了提高。尽管所选试验段只发生过少量轻微岩爆，但巷道的变形和破坏明显得到改善，表明动静组合锚杆支护技术具有控制岩爆灾害的支护效果。

本章小结

本章分析了岩爆的防治应当从区域防范措施、局部解危措施和岩爆支护技术 3 个方面综合研究，总结了岩爆支护系统的研究现状，研究了基于围岩支承结构的锚杆有效长度，提出了岩爆控制中的时变控制原则和应力极值原则，并提出岩爆巷道动静组合支护技术，将动静组合支护技术应用于马路坪矿的岩爆防治。主要研究结论有以下几点：

(1) 岩爆支护系统中锚杆性能是关键，从受锚固的围岩的稳定性与自承能力的角度，结合开磷集团马路坪矿的实际情况来，采用有限元软件，比较了 9 种锚杆长度的支护效果，结果表明锚杆长度存在最佳值，在有效长度范围内能形成两个相同承载能力的支承结构，充分发挥锚固区软化岩体与锚固外深部岩体的自承载能力，锚杆长度继续增加，对提高围岩体承载能力的意义不大。

(2) 岩爆控制的基本原则应该是控制岩体应力状态的极端恶化，在总结前人研究成果的基础上，创新性地提出了岩爆控制中的时变控制原则和应力极值原则，认为岩爆支护结构应能控制围岩深部岩体并应适应围岩深部岩体的时变性，对应力较大的位置应该有针对性的支护措施。

（3）根据时变控制原则和应力极值原则首次提出动静组合的支护技术，研究了考虑岩爆动力学的具有动静组合效果的锚杆及其锚固方式等关键性问题，创新地提出了预留锚固方式，改进了马路坪矿的岩爆巷道锚杆支护。

参考文献

[1] WADHAMS, N. Gold Standards: How miners dig for riches in a 2-mile-deep furnace[J]. Wired, 2011, 19(3): 42.

[2] Underground mining (hard rock)[EB/OL]. https://en.wikipedia.org/wiki/Underground_mining_(hard_rock).

[3] The top ten deepest mines in the world[EB/OL]. https://www.mining-technology.com/features/feature-top-ten-deepest-mines-world-south-africa.

[4] 李夕兵,宫凤强,王少锋,等.深部硬岩矿山岩爆的动静组合加载力学机制与动力判据[J].岩石力学与工程学报,2019,38(4):708-723.

[5] 谢和平,周宏伟,薛东杰,等.煤炭深部开采与极限开采深度的研究与思考[J].煤炭学报,2012,37(4):535-542.

[6] 罗超文,李海波,刘亚群.煤矿深部岩体地应力特征及开挖扰动后围岩塑性区变化规律[J].岩石力学与工程学报,2011,30(8):1613-1618.

[7] 何满潮,钱七虎,等.深部岩体力学基础[M].北京:科学出版社,2010.

[8] 侯靖,张春生,单治钢.锦屏二级水电站深埋引水隧洞岩爆特征及防治措施[J].地下空间与工程学报,2011,7(6):1251-1257.

[9] 张镜剑,傅冰骏.岩爆及其判据和防治[J].岩石力学与工程学报,2008,27(10):2034-2042.

[10] 冯夏庭,张传庆,陈炳瑞,等.岩爆孕育过程的动态调控[J].岩石力学与工程学报,2012,31(10):1983-1997.

[11] JAEGER J C, COOK N G W. Foundamentals of rock mechanics[M]. London: Third Edition Chapman and Hall, 1979.

[12] RYMON L W K, BAKER D. The development of government rockburst and rockfall hazard monitoring system for South African mines[C]. Rockbursts and Seismicity in Mine. Balkema, Rotterdema, 1997: 45-48.

[13] 佩图霍夫 H M.煤矿冲击地压[M].王佑安,译.北京:煤炭工业出版社,1980.

[14] 布霍依诺 G.矿山压力和冲击地压[M].李玉生,译.北京:煤炭工业出版

社,1985.

[15] ROBY J, WILLIS D, ASKILSRUCL O G, et al. Coping with difficult ground and 2000 m of cover in Peru[C]. In World Tunnel Congress 2008-Underground facilities for better environment and safety, India, 2008: 1003 - 1016.

[16] HUSEN S,KISSLING E,VON DESCHWANDEN A. Induced seismicity during the construction of the Gotthard Base Tunnel,Switzerland:hypocenter locations and source dimensions[J]. Journal of Seismology,2012,16(2):195-213.

[17] 冯夏庭,肖亚勋,丰光亮,等.岩爆孕育过程研究[J].岩石力学与工程学报,2019,38(4):649-673.

[18] FENG X T. Rockburst:mechanisms,monitoring,warning and mitigation[M]. Oxford: Butterworth Heinemann,2017.

[19] 王斌,宁勇,冯涛,等.单轴压缩条件下锚杆影响脆性岩体破裂的细观机制[J].岩土工程学报,2018,40(9):1593-1600.

[20] 徐则民,黄润秋,罗杏春,等.静荷载理论在岩爆研究中的局限性及岩爆岩石动力学机理的初步分析[J].岩石力学与工程学报,2003,22(8):1255-1262.

[21] 李夕兵,姚金蕊,宫凤强.硬岩金属矿山深部开采中的动力学问题[J].中国有色金属学报,2011,21(10):2551-2563.

[22] 钱七虎.岩爆、冲击地压的定义、机制、分类及其定量预测模型[J].岩土力学,2014,35(1):1-6.

[23] 陶振宇.若干电站地下工程建设中的岩爆问题[J].水力发电,1988(7):40-45.

[24] 张津生,陆家佑,贾愚如.天生桥二级水电站引水隧洞岩爆研究[J].水利发电,1991(10):34-37.

[25] DOWDING C H, ANDERSSON C A. Potential for rock bursting and slabbing in deep caverns[J]. Engineering Geology,1986,22(3):265-279.

[26] KELSALL P C,CASE J B,CHABANNES C R. Evaluation of excavation induced changes in rock permeability[J]. International journal of rock mechanics and mining sciences & geomechanics abstracts,1984,21(3):123-135.

[27] 吴世勇,王鸽.锦屏二级水电站深埋长隧洞群的建设和工程中的挑战性问题[J].岩石力学与工程学报,2010,29(11):2161-2711.

[28] BEWICK R P, VALLEY B, RUNNALLS S, et al. Global Approach to

Managing Deep Mining Hazards[C]//Proceedings of the 3rd CANUS Rock Mechanics Symposium. Toronto,2009:1-12.

[29] LEET L D. Vibration studies:blasting and rock bursts[J]. Canadian mining and metallurgical bulletin,1951,470:415- 418.

[30] ZUBELEWICZA C,MROZ Z. Numerical simulation of rock burst processes treated as problems of dynamic instability[J]. Rock mechanics and rock engineering,1983,16(4):253-274.

[31] 王贤能,黄润秋. 动力扰动对岩爆的影响分析[J]. 山地研究,1998,16(3):188-192.

[32] 邵鹏,张勇,贺永年. 岩爆发生的随机共振机制[J]. 煤炭学报,2004,29(6):668-671.

[33] TANG C A,LIU H,LEE P K K,et al. Numerical tests on micro-macro relationship of rock failure under uniaxial compression,part Ⅱ[J]. International journal of rock mechanics and mining sciences,2000,37(4b):555-569.

[34] 左宇军,李夕兵,赵国彦. 受静载荷作用的岩石动态断裂的突变模型[J]. 煤炭学报,2004,29(6):654-658.

[35] 左宇军,李夕兵,马春德,等. 动静组合载荷作用下岩石失稳破坏的突变理论模型与试验研究[J]. 岩石力学与工程学报,2005,24(5):741-746.

[36] 李夕兵,李地元,郭雷,等. 动力扰动下深部高应力矿柱力学响应研究[J]. 岩石力学与工程学报,2007,26(5):922-928.

[37] 祝方才,宋锦泉. 岩爆的力学模型及物理数值模拟述评[J]. 中国工程科学,2003,5(3):83-89.

[38] 郭然,于润沧. 有岩爆危险巷道的支护设计[J]. 中国矿业,2002,11(3):23-26.

[39] 左宇军,李夕兵,赵国彦. 洞室层裂屈曲岩爆的突变模型[J]. 中南大学学报(自然科学版),2005,36(2):311-316.

[40] KURLENYA M V,OPARIN V N. Problems of nonlinear geomechanics,part Ⅰ[J]. Journal of mining science,1999,35(3):216-230.

[41] ADAMS G R,JAGER A J. Petroscopic observations of rock fracturing ahead of stope faces in deep-level gold mines[J]. Journal-South African institute of mining and metallurgy,1980,80(6):204-209.

[42] 贺永年. 软岩巷道围岩松动带及其状态分析[J]. 煤炭学报,1991,16(2):63-69.

[43] HE M C. Rock mechanics and hazard control in deep mining engineering

in China[C]. Proceedings of the ISRM International Symposium 2006 and the 4th Asian Rock Mechanics Symposium, Singapore, 2006: 29-46.

[44] CLEARY M P. Effects of depth on rock fracture[C]. International Society for Rock Mechanics and Rock Engineering International Symposium, Pau France, 1989: 153-163.

[45] 张志强,关宝树,翁汉民. 岩爆发生条件的基本分析[J]. 铁道学报,1998,20(4):82-85

[46] 李忠,汪俊民. 重庆陆家岭隧道岩爆工程地质特征分析与防治措施研究[J]. 岩石力学与工程学报,2005,24(18):3398-3402.

[47] FRID V. Electromagnetic radiation method water-infusion control in rock burst-prone strata[J]. Journal of applied geophysics, 2000, 43(1): 5-13.

[48] 李夕兵. 岩石动力学基础与应用[M]. 北京:科学出版社,2014.

[49] RUHBIN A M, AHRENS T J. Dynamic tensile-failure-induced velocity deficits in Rock[J]. Geophysical Research Letters, 1991, 18(2): 219-222.

[50] 楼沩涛. 干燥和水饱和花岗岩的动态断裂特性[J]. 爆炸与冲击,1994,14(3):249-254.

[51] 潘一山. 冲击地压发生和破坏过程研究[D]. 北京:清华大学,1999.

[52] 冯涛. 岩爆机理与防治理论及应用研究[D]. 长沙:中南工业大学,1999.

[53] 布雷迪 B H G,布朗 E T. 地下采矿岩石力学[M]. 冯树仁,等,译. 北京:煤炭工业出版社,1990.

[54] COOK N G W. The failure of rock[J]. International journal of rock mechanics and mining sciences, 1965, 2(4): 389-403.

[55] HUDSON J A, CROUSH S L, FAIRHURST C. Soft, stiff and servo-controlled testing machines: a review with reference to rock failure[J]. Engineering geology, 1972, 6(3): 155-189.

[56] 耶格 J C,库克 N G W. 岩石力学基础 [M]. 中国科学院工程力学研究所,译. 北京:科学出版社,1981.

[57] 耿乃光,陈颙,姚孝新. 拼合岩石样品破裂的初步研究[J]. 地球物理学报,1981,24(2):238-241.

[58] 潘一山,章梦涛,王来贵,等. 地下硐室岩爆的相似材料模拟试验研究[J]. 岩土工程学报,1997,19(4):49-56.

[59] COOK N G W, HOEK E P, RETORIUS J P G, et al. Rock mechanics applied to the study of rockbursts[J]. Journal-South African institute of Mining and metallurgy, 1966, 66(10): 435-528.

[60] BIENIAWSKI Z T,DENKHAUS H G,VOGLER U W. Failure of fracture rock[J]. International journal of rock mechanics and mining sciences, 1969,6(31):323-341.

[61] 宋维源,章梦涛,张芳. 房山矿无冲击倾向煤层的冲击地压成因分析[J]. 辽宁工程技术大学学报(自然科学版),2001,20(4):448-449.

[62] JONSON J,HULT J. Fracture mechamics and damage mechanics,a combined approach[J]. Journal de mecanique appliqblce,1997,1(1):11-23.

[63] BUI H D,EHRLACHER A. Propagation of clamage in elastic and elastic solids[J]. Advanceds in fracture research. 1981(3):533-551.

[64] 李广平. 岩体的压剪损伤机理及其在岩爆分析中的应用[J]. 岩土工程学报,1997,19(6):49-55.

[65] 刘小明,李焯芬. 脆性岩石损伤力学分析与岩爆损伤能量指数[J]. 岩石力学与工程学报,1997,16(2):140-147.

[66] DYSKIN A V,GERMENOVICH L N. Model of rockburst caused by cracks growing near free surface[J]. Rockbursts and seismicity in mines, 1993(10):169-174.

[67] 缪协兴,安里千. 岩(煤)壁中滑移裂纹扩展的冲击矿压模型[J]. 中国矿业大学学报,1999,28 (2):113-117.

[68] 周晓军,鲜学福. 基于粘弹性模型的煤体冲击倾向指标的试验研究[J]. 西部探矿工程,1999,11(1):30-34.

[69] 潘一山,章梦涛,李国臻. 洞室岩爆的尖角型突变模型[J]. 应用数学与力学,1994,15(10):893-900.

[70] 潘岳,王志强. 圆形硐室岩爆的折迭突变模型[J]. 岩土力学,2005,26(2):175-181,186.

[71] 李忠华. 高瓦斯煤层冲击地压发生理论研究及应用[D]. 埠新:辽宁工程技术大学,2007.

[72] LIPPMANN H. Mechanics of bumps in coal mines:a discussion of violent deformations in the sides of roadways in coal seams[J]. Applied mechanics reviews,1987,40(8):1033-1043.

[73] LIPPMANN H. Theory of the collapsed zone at the front of a coal seam and its effect on translatory rock bursting[J]. International journal for numerical and analytical methods in geomechanics,1991,15(5):317-331.

[74] LITWINISZYN J. The phenomen of rock bursts and resulting shock waves[J]. Mining science and technology,1984,1(4):243-251.

[75] LITWINISZYN J. Remarks on the equations of state of outburst rocks regarded as a solid solution[J]. International journal of rock mechanics and mining sciences & geomechanics abstracts,1991,28(6):501-508.

[76] 姜耀东,赵毅鑫,宋彦琦,等. 放炮震动诱发煤矿巷道动力失稳机理分析[J]. 岩石力学与工程学报,2005,24(17):3131-3136.

[77] BURGER W,LIPPMAN H . Models of translatory rock bursting in coal [J]. International journal of rock mechanics and mining sciences & geomechanics abstracts,1981,18(4):285-294.

[78] 杨淑清,张忠亭,陆家佑,等. 隧洞岩爆机制物理模型试验研究[C]//中国岩石力学与工程学会,岩石力学数值计算与模型实验专业委员会. 岩土力学数值方法的工程应用:第二届全国岩石力学数值计算与模型试验学术讨论会论文集. 上海:同济大学出版社,1990:598-606.

[79] 徐文胜,许迎年,王元汉,等. 岩爆模拟材料的筛选试验研究[J]. 岩石力学与工程学报,2000,19(Z1) :873-877.

[80] 许迎年,徐文胜,王元汉,等. 岩爆模拟试验及岩爆机理研究[J]. 岩石力学与工程学报,2002,21(10):1462-1466.

[81] 王贤能,黄润秋. 岩石卸荷破坏特征与岩爆效应[J]. 山地研究,1998(4):281-285.

[82] 徐林生,王兰生,李天斌. 卸荷状态下岩爆岩石变形破裂机制的实验岩石力学研究[J]. 山地学报,2000,18(B02):102-107.

[83] CHO S H, OGATA Y, KANEK O K. A method for estimating the strength properties of a granite rock subjected to dynamic loading[J]. International journal of rock mechanics and mining sciences, 2005, 42(4): 561-568.

[84] WANG J A,PARK H D. Comprehensive prediction of rockburst based on analysis of strain energy in rocks[J]. Tunnelling and underground space technology,2001,16(1):49-57.

[85] 张黎明,王在泉,贺俊征. 卸荷条件下岩爆机理的试验研究[[J]. 岩石力学与工程学报,2005,24(A01):4769-4773.

[86] 何满潮,苗金丽,李德建,等. 深部花岗岩试样岩爆过程实验研究[J]. 岩石力学与工程学报,2007,26(5):865-876.

[87] 徐林生,王兰生. 岩爆形成机理研究[J]. 重庆大学学报(自然科学版),2001,24(2):115-117.

[88] 张梅英,李廷芥,尚嘉兰,等. 岩爆形成机制的细观力学实验分析[J]. 内蒙

古工业大学学报(自然科学版),1997,16(3):112-117.

[89] 李廷芥,李启光.岩石裂纹的分形特性及岩爆机理研究[J].岩石力学与工程学报,2000,19(1):6-10.

[90] 冯涛,谢学斌.岩爆岩石断裂机理的电镜分析[J].中南工业大学学报(自然科学版),1999(1):14-17.

[91] 刘文岗,姜耀东,周宏伟,等.冲击倾向性煤体的细观特征与裂纹失稳的试验研究[J].湖南科技大学学报(自然科学版),2006,21(4):14-18.

[92] JHA P C,CHOUHAN R K S. Long range rockburst prediction:A seismological approach[J]. International journal of rock mechanics and mining sciences & geomechanics abstracts,1994,31(1):71-77.

[93] SHRIDHAR CHAVAN A,RAJU N M,SRIVASTAVA S B. Prediction of area instability from mining induced seismicity[M]. Nevada: The 35th U. S. Symposium on Rock Mechanics,Reno,1998.

[94] MENDECKI A J,VAN ZBRINK A,GREEN R W E,et al. Seismology for rockburst prevention control and prediction[M]. Johannesburg: Safety in Mines Research Advisory Committee Symposium,1995.

[95] BEWICK R P,VALLEY B,RUNNALLS S,et al. Global Approach to Managing Deep Mining Hazards[C]. Toronto:Proceedings of the 3rd CANUS Rock Mechanics Symposium,2009:1-12.

[96] 宫凤强,李夕兵.岩爆发生和烈度分级预测的距离判别方法及应用[J].岩石力学与工程学报,2007,26(5):1012-1018.

[97] 邱道宏.括苍山高速公路隧道岩爆非线性预测研究[D].长春:吉林大学,2008.

[98] 祝云华,刘新荣,周军平.基于 ν-SVR 算法的岩爆预测分析[J].煤炭学报,2008,33(3):277-281.

[99] 冯涛,谢学斌,王文星,等.岩石脆性及描述岩爆倾向的脆性系数[J].矿冶工程,2000,20(4):18-19.

[100] 唐礼忠,王文星.一种新的岩石岩爆倾向性指标[J].岩石力学与工程学报,2002,21(6):874-878.

[101] PENG S S. Coal Mine Ground Control[M]. Colorado: Society for Mining Metallurgy,2008.

[102] 蔡美峰,王金安,王双红.玲珑金矿深部开采岩体能量分析与岩爆综合预测[J].岩石力学与工程学报,2001,20(1):38-42.

[103] WANG J A,PARK H D. Comprehensive prediction of rockburst based

on analysis of strain energy in rocks[J]. Tunnelling and underground space and technology, 2001, 16(1): 49-57.

[104] 钱鸣高,石平五,许家林. 矿山压力与岩层控制[M]. 徐州:中国矿业大学出版社,2010.

[105] 王梦恕. 21 世纪山岭隧道修建的趋势[J]. 铁道标准设计,2004(9):38-40.

[106] 徐林生. 通渝隧道岩爆防治工程措施研究[J]. 重庆交通学院学报,2006,25(4):1-3.

[107] 郭志强. 秦岭终南山特长公路隧道岩爆特征与施工对策[J]. 现代隧道技术,2003,40(6):58-62.

[108] 李育枢,李天斌,郑建国. 西南某电站辅助隧洞岩爆地质力学模式研究[J]. 现代隧道技术,2009,46(1):41-46.

[109] 马振旺,汪波,王志伟,等. 基于应力解除法的九岭山隧道洞壁二次应力场分布规律研究[J]. 水利水电技术,2019,50(2):184-190.

[110] 严健,何川,汪波,等. 雅鲁藏布江缝合带深埋长大隧道群岩爆孕育及特征[J]. 岩石力学与工程学报,2019,38(4):769-781.

[111] 蒋雄,徐奴文,周钟,等. 两河口水电站母线洞开挖过程围岩破坏机制[J]. 岩土力学,2019,40(1):305-314.

[112] 吴文平,冯夏庭,张传庆,等. 深埋硬岩隧洞围岩的破坏模式分类与调控策略[J]. 岩石力学与工程学报,2011,30(9):1782-1802.

[113] 古德生. 地下金属矿采矿科学技术的发展趋势[J]. 黄金,2004,25(1):18-22.

[114] 郭然,潘长良,于润沧. 有岩爆倾向硬岩矿床采矿理论与技术[M]. 北京:冶金工业出版社,2003.

[115] ORTLEPP W D. Rock fracture and rockbursts[M]. Johannesburg: South African Institute of Mining and Metallurgy, 1997.

[116] 冯夏庭,刘建波,陈炳睿,等. 深部金属矿山岩爆监测、预警和控制[J]. 岩石力学与工程学报,2017,3(4):233-249.

[117] SPOTTISWOODE S M. Total seismicity, and the application of ESS analysis to mines layouts[J]. Journal-South African institute of mining and metallurgy, 1988, 88(4): 109-116.

[118] 李庶林. 深井硬岩岩爆倾向性与岩层控制技术研究[D]. 沈阳:东北大学,2000.

[119] 谭以安. 岩爆类型及其防治[J]. 现代地质,1991,5(4):450-456.

[120] ORTLEPP W D. The design of support forthe containment of rockburst damage in tunnels-an engineering approach[C]. Rock Support in Ming and Underground Construction,Balkema,Rotterdam,1992:593-609.

[121] 于洋,晏志禹,徐长节,等.不同类型岩爆孕育过程中震源体积自相似分布的分形特征分析[J].工程科学与技术,2019,51(1):121-128.

[122] 陈宗基.岩爆的工程实录、理论与控制[J].岩石力学与工程学报,1987,6(1):1-18.

[123] SALAMON M D G. Stability,instability and design of pillar workings [J]. International journal of rock mechanics and mining science and geo-mechanics abstracts,1970,7(6):613-631.

[124] 李杰,王明洋,李新平,等.微扰动诱发断裂滑移型岩爆的力学机制与条件[J].岩石力学与工程学报,2018,37(A01):3205-3214.

[125] DURRHEIM R J, HAILE A,ROBERTS M K C,et al. Violent failure of a remnant in a deep South African gold mine[J]. Tectonophysics,1998, 289(1/2/3):105-116.

[126] KAISER P K. Canadian rockbursts support handbook[M]. Geomechanics research centre,1996.

[127] 张津生,陆家佑,贾愚如.天生桥二级水电站引水隧洞岩爆研究[J].水力发电,1991,(10):34-37,76.

[128] 周辉,孟凡震,张传庆,等.深埋硬岩隧洞岩爆的结构面作用机制分析[J].岩石力学与工程学报,2015,34(4):720-727.

[129] 严鹏,陈祥荣,单治钢,周永.基于超剪应力控制的岩爆防治措施研究[J].岩土力学,2008,29(S1):453-458.

[130] 冯夏庭,陈炳瑞,明华军,等.深埋隧洞岩爆孕育规律与机制:即时型岩爆[J].岩石力学与工程学报,2012,31(3):433-444.

[131] 陈炳瑞,冯夏庭,明华军,等.深埋隧洞岩爆孕育规律与机制:时滞型岩爆[J].岩石力学与工程学报,2012,31(3):561-569.

[132] 潘一山,吕祥锋,李忠华.吸能耦合支护模型在冲击地压巷道中应用研究[J].采矿与安全工程学报,2011,28(1):6-10.

[133] 徐则民,黄润秋,范柱国,等.长大隧道岩爆灾害研究进展[J].自然灾害学报,2004,13(4):16-24.

[134] ROSSMANITH H P, FOURNEY W L. The reciprocal character of Rayleigh-waves and cracks[J]. Rock mechanics and rock engineering, 1981,14(1):37-42.

[135] 黄锋. 隧道岩爆的动力学机理及其控制的实验研究[J]. 岩土力学,2010,31(4):1139-1142.
[136] LINKOV A M. Instability,fracture acceleration and wave amplification [J]. International journal of rock mechanics and mining sciences,2000,37(1/2):31-37.
[137] 张晓春,胡光伟,杨挺青. 岩石板梁结构时间相关变形的稳定性分析[J]. 武汉交通科技大学学报. 1999,23(2):158-160.
[138] MALAN D F. Manuel rocha medal recipient simulating the time-dependent behaviour of excavations in hard rock [J]. Rock mechanics and rock engineering,2002,35(4):225-254.
[139] MARTIN C D. Seventeenth Canadian geotechnical colloquium:the effect of cohesion loss and stress path on brittle rock strength[J]. Canadian geotechnical journal,1997,34(5):698-725.
[140] 马占国,黄伟,郭广礼,等. 覆岩失稳破坏的时变边界力学分析[J]. 辽宁工程技术大学学报,2006,25(4):515-517.
[141] 武际可. 力学史杂谈[M]. 北京:高等教育出版社,2009.
[142] MESHCHERSKII I V. Dynamics of a Particle of Variable Mass[D]. Saint Petersburg:St. Petersbutg College,1897.
[143] SOUTHWELL R V. An Introduction to the theory of Elasticity for Engineers and Physicists. [M]. 2nd. Oxforcl: Oxford Univ ersity Press,1941.
[144] BROWN C B,GOODMAN L E. Gravitation stresses in accreted bodies [J]. Proceedings of The royal society of london series A:mathematical and physical sciences,1963,276 (1376):571-576.
[145] KHARLAB V D. Linear theory of creep for a growing body[J]. Proceedings of the leningrad institution of civil engineering,1966,49:93-119
[146] ARUTYUNYAN N K,GEOGDZHAEV V O,Naumov V E. Problems of mechanics of growing viscoelastic-plastic solids under conditions of aging and unloading[J]. Mechanics of Solids,1986,21(4):160-170.
[147] 曹志远. 时变力学及其工程应用[J]. 力学与实践,1999,21(5):1-4,14.
[148] 范志良. 结构工程学科中若干计算结构力学问题的研究展望[J]. 力学进展,1994,24(3):391-398.
[149] 曹志远. 土木工程分析的施工力学与时变力学基础[J]. 土木工程学报,2001,34(3):41-46.

[150] 王光远. 论时变结构力学[J]. 土木工程学报,2000,33(6):105-108.
[151] 黄文虎,邵成勋,等. 多柔体系统动力学[M]. 北京:科学出版社,1996.
[152] ARUTYUNVAN N KH,NAUMOV V E. The boundary value problem of the theory of viscoelastic plaslicity of a growing body subject to aging [J]. Journal of applied mathematics and mechanics,1984,48(1):1-10.
[153] 李桂青,李秋胜. 工程结构时变可靠度理论及其应用[M]. 北京:科学出版社,2001.
[154] 管昌生. 随机时变结构动力可靠度分析的 Markov 模型[J]. 武汉工业大学学报,2000(2):48-50.
[155] 曹志远,邹贵平,唐寿高. 时变动力学的 Legendre 级数解[J]. 固体力学学报,2000,21(2):102-108.
[156] ABRAMOWITZ M,STEGUN I A. Handbook of mathematical functions:with formulas, graphs, and mathematical Tables [M]. Washington DC: Dover Publications,1965.
[157] 曹志远,曾晓清. 施工力学与时变力学的数值分析[J]. 计算力学学报,1997,14(增):35-40.
[158] 林潮熙. 广义结构变更定理及其应用[J]. 建筑结构学报,1989,10(2):54-60.
[159] 王华宁,曹志远. 无限粘弹性平面中孔洞扩展的时变力学解析解[J]. 固体力学学报,2006,27(3):319-323.
[160] 沈明荣,陈建峰. 岩体力学[M]. 上海:同济大学出版社,2006.
[161] 陈子荫. 围岩力学分析中的解析方法[M]. 北京:煤炭工业出版社,1994.
[162] 曹志远. 时变固体力学的黏弹性解[J]. 力学学报,2000,32(4):497-501.
[163] 潘一山,章梦涛,李国臻. 稳定性动力准则的圆形洞室岩爆分析[J]. 岩土工程学报,1993,15(5):59-66.
[164] 李英杰,潘一山,李忠华. 岩体产生分区碎裂化现象机理分析[J]. 岩土工程学报,2006,28(9):1124-1128.
[165] 周德培,洪开荣. 太平驿隧洞岩爆特征及防治措施[J]. 岩石力学与工程学报,1995,14(2):171-178.
[166] 张晓春,张东升,缪协兴. 井巷围岩的延迟失稳机理分析[J]. 岩石力学与工程学报,2001,20(6):830-833.
[167] 徐曾和,徐小荷. 柱式开采岩爆发生条件与时间效应的尖点突变[J]. 中国有色金属学报,1997,7(2):17-23.
[168] 张艳博,李占金. 水对大理岩岩爆影响的模拟实验研究[J]. 河北理工学院

学报,2007(1):1-3.
[169] 侯发亮,刘小明,王敏强.岩爆成因再分析及烈度划分探讨[C]//中国岩石力学与工程学会岩石动力学专业委员会.第三届全国岩石动力学学术会议论文集.武汉:武汉测绘科技大学出版社,1992:448-457.
[170] 卢文波,陈明,严鹏,等.高地应力条件下隧洞开挖诱发围岩振动特征研究[J].岩石力学与工程学报,2007,26(A01):3329-3334.
[171] 中国科协学会学术部.深部岩石工程围岩分区破裂化效应:新观点新学说学术沙龙集 21[M].北京:中国科学技术出版社,2008.
[172] 康红普.巷道围岩的关键圈理论[J].力学与实践,1997,19(1):34-36.
[173] 陈学华,沈海鸿,王善勇.巷道围岩自稳结构原理及其影响因素研究[J].辽宁工程技术大学学报(自然科学版),2002,21(3):261-263.
[174] 钱七虎.深部岩体工程响应的特征科学现象及"深部"的界定[J].东华理工学院学报,2004(1):1-5.
[175] 周小平,钱七虎.深埋巷道分区破裂化机制[J].岩石力学与工程学报,2007,26(5):877-885.
[176] 尤明庆.岩石试样的杨氏模量与围压的关系[J].岩石力学与工程学报,2003,22(1):53-60.
[177] 杨永杰,宋扬,陈绍杰.三轴压缩煤岩强度及变形特征的试验研究[J].煤炭学报,2006,31(2):150-153.
[178] WAWERSIK W R,BRACE W F. Post-failure behavior of granite and diabase[J]. Rock mechanics felsmechanik Mecanique des roches,1971,3(2):61-85.
[179] 赖勇.围压对杨氏模量的影响分析[J].重庆交通大学学报(自然科学版),2009,28(2):246-249,278.
[180] 潘一山,章梦涛.冲击地压失稳理论的解析分析[J].岩石力学与工程学报,1996,15(增):504-510.
[181] 马亢,徐进,王兰生,等.雪峰山公路隧道岩爆问题的分析预测研究[J].公路,2008,1(S1):204-208.
[182] 关宝树,张志强.隧道发生岩爆的基本条件研究[J].铁道工程学报,1998,(增):326-330.
[183] BROCH E,SORHEIM S. Experiences from planning,construction and supporting of a road tunnel subjected to heavy rock bursting[J]. Rock mechanics and rock engineering,1984,17(1):15-35.
[184] 邹成杰.地下工程中岩爆灾害发生规律与岩爆预测问题的研究[J].中国

地质灾害与防治学报,1992,3(4):48-53.
[185] 雷升祥,康秀江.太平驿引水隧洞开挖技术[C]//铁道部建设司铁路隧道和地下工程中心.铁路工程建设科技动态报告文集:铁路隧道及地下工程.成都:西南交通大学出版社,1995:256-262.
[186] 王元汉,李卧东,李启光,等.岩爆预测的模糊数学综合评判方法[J].岩石力学与工程学报,1998,17(5):493-501.
[187] 朱宝龙,陈强,胡厚田.基于人工神经网络的岩爆预测方法[J].地质灾害与环境保护,2002,13(3):56-59.
[188] 丁向东,吴继敏,李健,等.岩爆分类的人工神经网络预测方法[J].河海大学学报(自然科学版),2003,31(4):424-427.
[189] 彭琦,张茹,谢和平,等.基于AE时间序列的岩爆预测模型[J].岩土力学,2009,30(5):1436-1440.
[190] LYNCH R A,WUITE R,SMITH B S, et al. Microseismic monitoring of open pit slops[C]. rockburst and seismicity in mines, Australian Centre for Geomechanics,Perth,2005(1):581-592.
[191] ALEXANDER J A,TRIFU C. Monitoring mine seismicity in Canada[J]. Computer science,2005(1):353-358.
[192] 于学馥,郑颖人,刘怀恒,等.地下工程围岩稳定分析[M].北京:煤炭工业出版社,1983.
[193] 许忠淮.地应力研究现状与展望[J].地球科学进展,1990(5):27-34.
[194] BROWN E T,HOEK E. Technical note trends in relationships between measured in-situ stress and depth[J]. International journal of rock mechanics and mining sciences & geomechanics abstracts,1978,15(4):211-215.
[195] 张永兴.岩石力学[M].2版.北京:中国建筑工业出版社,2008.
[196] 杨志法,熊顺成,王存玉,等.关于位移反分析的某些考虑[J].岩石力学与工程学报,1995,14(1):11-16.
[197] 朱伯芳.岩体初始地应力反分析[[J].水利学报,1994(10):30-35.
[198] 肖明.刘志明.锦屏二级水电站三维地应力场反演回归分析[J].人民长江,2000,31(9):42-44.
[199] 马秀敏,彭华,李金锁,等.襄渝铁路增建二线:新白岩寨隧道地应力测量及其在岩爆分析中的应用[J].地球学报,2006,27(2):181-186.
[200] 尹健民,罗超文,艾凯.某隧道区地应力测量与岩爆分析[J].岩土力学,2003,24(S1):28-30.

[201] 汪波,何川,吴德兴,等.基于岩爆破坏形迹修正隧道区地应力及岩爆预测的研究[J].岩石力学与工程学报,2007,26(4):811-817.

[202] 曾纪全,雷承第.广—渝高速公路华莹山隧道围岩地应力测试与岩爆研究[J].岩石力学与工程学报,2002,21(11):1696-1701.

[203] 康勇,李晓红,王青海,等.隧道地应力测试及岩爆预测研究[J].岩土力学,2005,26(6):959-963.

[204] 赵自强,王学潮,随裕红.南水北调西线工程深埋隧洞岩爆与地应力研究[J].华北水利水电学院学报,2002(1):48-50.

[205] 侯明勋,葛修润.三维地应力计算模型研究[J].岩土力学,2007,28(10):2017-2021.

[206] 胡斌,冯夏庭,黄小华,等.龙滩水电站左岸高边坡区初始地应力场反演回归分析[J].岩石力学与工程学报,2005,24(22):4055-4064.

[207] 孟永会,马宁.基于水压致裂法的隧道围岩地应力试验研究与岩爆预测分析[J].华中科技大学学报(城市科学版),2008(2):55-58.

[208] 孙振武,代进,杨春苗,等.矿山井巷和采场冲击地压危险性的弹性能判据[J].煤炭学报,2007,32(8):794-798.

[209] 祁瑞清,唐万军,谢飞鸿,等.锚杆支护对层状岩层巷道作用的二维有限元分析[J].中国矿业,2009,18(4):78-81.

[210] 徐林生,王兰生.二郎山公路隧道岩爆发生规律与岩爆预测研究[J].岩土工程学报,1999,21(5):569-572.

[211] 吴德兴,杨健.苍岭特长公路隧道岩爆预测和工程对策[J].岩石力学与工程学报,2005,24(21):3965-3971.

[212] 马春德,徐纪成,陈枫,等.大红山铁矿三维地应力场的测量及分布规律研究[J].金属矿山,2007,37(8):42-46.

[213] 陈枫,饶秋华,徐纪成,等.应变解除法原理及其在大红山铁矿地应力测量中的应用[J].中南大学学报(自然科学版),2007,38(3):545-550.

[214] 张有天.岩石水力学与工程[M].北京:中国水利水电出版社,2005.

[215] GIS A G. Fluid effects on velocity and attenuation in sandstone[J]. The journal of the acoustical society of America,1991,90(2):2370-2371.

[216] LOUIS L,DAVID C,ROBION P. Comparison of the anisotropic behavior of unreformed sandstones under dry and saturated conditions[J]. Tectonophysics,2003,370(1/2/3/4):193-212.

[217] SPENCER J W. Stress relaxation at low frequencies in fluid-saturated rock attenuation and modulus dispersion[J]. Journal of geophysical re-

search,1981,86(B3):1803-1812.

[218] 李廷,杜赟,宛新林,等.饱和岩石对平均应力和动载应力振幅的响应[J].岩石力学与工程学报,2008,27(1):161-168.

[219] 王海龙,李庆斌.饱和混凝土静动力抗压强度变化的细观力学机理[J].水利学报,2006,37(8):958-962,968.

[220] 刘光廷,周飞平.低渗透饱和岩石加载时体积弹模与孔隙液压的关系[J].岩石力学与工程学报,2004,23(11):1792-1796.

[221] 田象燕,高尔根,白石羽.饱和岩石的应变率效应和各向异性的机理探讨[J].岩石力学与工程学报,2003,22(11):1789-1792.

[222] 赵亚溥.裂纹动态起始问题的研究进展[J].力学进展,1996,26(3),362-378.

[223] LINDHOLM U S. High strain-rate tests[J]. Techniqre in Metals. Research. 1971,5:23-30.

[224] 洪亮.冲击荷载下岩石强度及破碎能耗特征的尺寸效应研究[D].长沙:中南大学,2008.

[225] SIH G C. Mechanics of fracture[J]. Noordho of international publishing. 1977(4):310-321.

[226] PERKINS P D,GREEN S J,FRIEDMAN M. Uniaxial stress behavior of porphyritic tonalite at strain rate to 10^3/second[J]. International journal of rock mechanics and mining sciences & geomechanics abstracts,1970,7(5):527-535.

[227] ZHAO J,LI H B,WU M B,et al. Dynamic uniaxial compression tests on granite[J]. International journal of rock mechanics and mining sciences,1999,36(2):273-277.

[228] SONG B,CHEN W W,LU W Y. Mechanical characterization at intermediate strain rates for rate effects on an epoxy syntactic foam[J]. International journal of mechanical sciences,2007,49(12):1336-1343.

[229] 王武林,刘远惠,陆以璐,等. RDT-10000型岩石高压动力三轴仪的研制[J].岩土力学,1989,10(2):69-82.

[230] 马春德,李夕兵,陈枫,等.单轴动静组合加载对岩石力学特性影响的试验研究[J].矿业研究与开发,2004,24(4):1-3,7.

[231] LI X B,ZHOU Z L,LOK T S, et al. Innovative testing technique of rock subjected to coupled static and dynamic loads[J]. International journal of rock mechanics and mining sciences,2008,45(5):739-748.

[232] ZUO Y J,LI X B,MA C D. Damage and failure rule of rock undergoing uniaxial compressive load and dynamic load[J]. Journal of central south university of technology,2005,12(6):742-748.

[233] ZHANG Z X,YU J,KOU S Q. Effects of high temperatures on dynamic rock fracture [J]. International journal of rock mechanics and mining sciences,2001,38(2):211-225.

[234] NIKOLAEVSKIY V N,KAPUSTYANSKIY S M,THIERCELIN M, et al. Explosion dynamics in saturated rock sand solids[J]. Transport in porous media,2006,65(3):485-504.

[235] 林英松,王莉,丁雁生,等.饱和水泥试样被爆炸激波损伤破碎的尺度研究[J].爆炸与冲击,2008,28(2):186-192.

[236] FIELD J E,WALLEY S M,PROUD W G,et al. Review of experimental techniques for high rate deformation and shock studies[J]. International journal of impact engineering,2004,30(7):725-775.

[237] LI X B,LOK T S,ZHAO J, et al. Oscillation elimination in the Hopkinson bar apparatus and resultant complete dynamic stress-strain curves for rocks[J]. International journal of rock mechanics and mining sciences,2000,37(7),1055-1060.

[238] LI X B,LOK T S,ZHAO J. Dynamic characteristics of granite subjected to intermediate loading rate[J]. Rock mechanics and rock engineering, 2005,38(1):21-39.

[239] BLABTON T L. Effect of strain rates from 0. 01 to 10/sec in triaxial compression tests on three rocks[J]. International journal of rock mechanics and mining sciences & geomechanics abstracts,1981,18(1):47-62.

[240] DAVIES E D H,HUNTER S C. The dynamic compression testing of solids by the method of the split Hopkinson bar[J]. Journal of the mechanics and physics of solids,1963,11(3):155-179

[241] STEVERDING B,LEHNIGK S H. Response of cracks to impact[J]. Journal of applied physics. 1970,41(5):2096-2099.

[242] STEVERDING B,LEHNIGK S H. Collision of stress pulses with obstacles and dynamic of fracture[J]. Journal of ApZplied physics,1971,42(8):3231-3238.

[243] LOK T S,LI X B,ZHAO P J,et al. Uniaxial compression tests on gran-

ite and its complete stress-strain relationship at high strain rates[C]. Proceeding of the 2001 ISRM International Symposium. A. A. Balkema, 2001,85-89.

[244] 周子龙. 岩石动静组合加载实验与力学特性研究[D]. 长沙:中南大学,2007.

[245] 席道瑛,谢 端,易良坤,等. 温度对岩石模量和波速的影响[J]. 岩石力学与工程学报,1998,17(增):802-807.

[246] 李铀,朱维申,白世伟,等. 风干与饱水状态下花岗岩单轴流变特性试验研究[J]. 岩石力学与工程学报,2003,22(10):1673-1677.

[247] 洪 亮,李夕兵,马春德,等. 岩石动态强度及其应变率灵敏性的尺寸效应研究[J]. 岩石力学与工程学报,2008,27(3):526-533.

[248] OLSSON W A. The compressive of tuff as a function of strain rate from 10 to 10^3/sec[J]. International journal of rock mechanics and mining sciences & geomechanics abstracts,1991,28(1):115-118.

[249] HAWKINS A B, MCCONNELL B J. Sensitivity of sandstone strength and deformability to changes in moisture content[J]. Quarterly journal of engineering geology & hydrogeology,1992,25(2):115-130.

[250] VÁSÁRHLYI B, VÁN P. Influence of water content on the strength of rock[J]. Engineering geology,2006,84(1/2):70-74.

[251] 朱珍德,胡定. 裂隙水压力对岩体强度的影响[J]. 岩土力学,2000,21(1):64-67.

[252] RUBIN A M, AHRENS T J. Dynamic tensile-failure-induced velocity deficits in Rock[J]. Geophysical research letters,1991,18(2):219-222.

[253] 葛洪魁,陈颙,林英松. 岩石动态与静态弹性参数差别的微观机理[J]. 石油大学学报(自然科学版),2001,25(4):34-36.

[254] CAI M F, KAISER P K, TASAKA Y, et al. Generalized crack initiation and crack damage stress thresholds of brittle rock masses near underground excavations[J]. International journal of rock mechanics and mining sciences,2004,41(5):833-847.

[255] 刘泉声,胡云华,刘滨. 基于试验的花岗岩渐进破坏本构模型研究[J]. 岩土力学,2009,30(2):289-296.

[256] 李宗利,张宏朝,任青文,等. 岩石裂纹水力劈裂分析与临界水压计算[J]. 岩土力学,2005,26(8):1216-1220.

[257] 范天佑. 断裂动力学原理与应用[M]. 北京:北京理工大学出版社,2006.

[258] XIE H P, SANDERSON D J. Fractal effects of dynamic crack propagation [J]. Acta mechanica sinica, 1995, 1(2): 341-344.

[259] FREUND L B. Dynamic fracture mechanics[M]. Cambridgeshire: Cambridge University Press, 1990.

[260] 杨成林,等. 瑞雷波勘探[M]. 北京:地质出版社,1993.

[261] 李银平,伍佑伦,杨春和. 岩石类材料滑动裂纹模型[J]. 岩石力学与工程学报,2007,26(2):278-284.

[262] BIENIAWSKI Z T. Mechanism of brittle fracture of rock[J]. International journal of rock mechanics and mining sciences, 1967, 4(4): 395-430.

[263] CHUGH Y P, MISSAVAGE R A. Effects of moisture on strata control in coal mines[J]. Engineering geology, 1981, 17(4): 241-255.

[264] ZHENG D, LI Q B. An explanation for rate effect of concrete strength based on fracture toughness including free water viscosity[J]. Engineering fracture mechanics, 2004, 71(16/17): 2319-2327.

[265] ROSSI P, VAN MIER J G M, BOULAY C, et al. The dynamic behavior of concrete: influence of free water[J]. Materials and Structures, 1992, 25(9): 509-514.

[266] 赵延林,曹平,文有道,等. 渗透压作用下压剪岩石裂纹损伤断裂机制[J]. 中南大学学报(自然科学版),2008,39(4):838-844.

[267] 施龙青,翟培合,魏久传,等. 顶板突水对冲击地压的影响[J]. 煤炭学报,2009,34(1):44-49

[268] ORTLEPP W D, STACEY T R. Rockburst mechanisms in tunnels and shafts[J]. Tunnelling and underground space technology, 1994, 9(1): 59-65.

[269] 冯涛,潘长良. 洞室岩爆机理的层裂屈曲模型[J]. 中国有色金属学报,2000,10(2):287-290.

[270] 周辉,卢景景,徐荣超,等. 深埋硬岩隧洞围岩板裂化破坏研究的关键问题及研究进展[J]. 岩土力学,2015,36(10):2737-2749.

[271] 宫凤强,罗勇,司雪峰,等. 深部圆形隧洞板裂屈曲岩爆的模拟试验研究[J]. 岩石力学与工程学报,2017,36(7):1634-1648.

[272] 赵阳升. 矿山岩石流体力学[M]. 北京:煤炭工业出版社,1994.

[273] 汤连生,张鹏程,王思敬. 水-岩化学作用的岩石宏观力学效应试验研究[J]. 岩石力学与工程学报,2002,21(4):526-531.

[274] 汪亦显,曹平.水化学腐蚀下岩石损伤力学效应研究[J].南华大学学报(自然科学版),2009,23(1):27-30

[275] 殷有泉,杜静.地震过程的燕尾型突变模型[J].地震学报,1994,16(4):416-422.

[276] 王学滨,宋维源,黄梅,等.考虑水致弱化及应变梯度的断层岩爆分析[J].岩石力学与工程学报,2004,23(11):1815-1818.

[277] 苗金丽,何满潮,李德建,等.花岗岩应变岩爆声发射特征及微观断裂机制[J].岩石力学与工程学报,2009,28(8):1593-1603.

[278] NAMAF-NASSER S, HORII J. Compression-induced nonplanar crack extension with application to splitting, exfoliation, and rockburst[J]. Journal of geophysical research:solid earth,1982,87(B8):6805-6822.

[279] 张黎明,王在泉,王建新,等.岩石卸荷破坏的试验研究[J].四川大学学报(工程科学版),2006,38(3):34-37.

[280] 王明洋,范鹏贤,李文培.岩石的劈裂和卸载破坏机制[J].岩石力学与工程学报,2010,29(2):234-241.

[281] 贺永年,张后全.深部围岩分区破裂化理论和实践的讨论[J].岩石力学与工程学报,2008,27(11):2369-2375.

[282] 高明仕,窦林名,张农,等.冲击矿压巷道围岩控制的强弱强力学模型及其应用分析[J].岩土力学,2008,29(2) :359-364

[283] 张倬元,王士天,王兰生.工程地质分析原理[M].2版.北京:地质出版社,1994.

[284] 谢和平.岩石混凝土损伤力学[M].徐州:中国矿业大学出版社,1990.

[285] 朱珍德,郭海庆.裂隙岩体水力学基础[M].北京:科学出版社,2007.

[286] 胡柳青.冲击载荷作用下岩石动态断裂过程机理研究[D].长沙:中南大学,2005.

[287] 胡大伟,朱其志,周辉,等.脆性岩石各向异性损伤和渗透性演化规律研究[J].岩石力学与工程学报,2008,27(9):1822-1827.

[288] LOU W T. Dynamicfracture behaviour of dry and waterlogged granites[J]. Explosion and shock waves,1994,3914(3):249-254.

[289] 左宇军,李夕兵,张义平,等.动-静组合加载诱发岩爆时岩块弹射速度的计算[J].中南大学学报(自然科学版),2006,37(4):815-819.

[290] 谢和平,鞠杨,黎立云.基于能量耗散与释放原理的岩石强度与整体破坏准则[J].岩石力学与工程学报,2005,24(17):3003-3010.

[291] 刘思妤,徐则民.基于动-静应力耦合的深埋隧道岩爆灾害控制[J].自然

灾害学报,2010,19(1):177-184.

[292] KAISER P K. Support of tunnels in burst-prone ground-toward a rational design methodology [C]. Rockbursts and Seismicity in Mines, Balkema,Rotterdam,1993:13-27.

[293] MCCREATH D R,KAISER P K. Evaluation of current support practices in burst-prone ground and preliminary guidelines for Canadian hardrock mines[C]. In Rock Support in Mining and Underground Construction,Balkema,Rotterdam,1992:611-619.

[294] WOJNO L Z,JAGER A J. Support of tunnels in south African gold mines[C]. Proceedings of the 6th International Conference on Ground Control in Mining, West Virginia University, Morgantown, 1987: 271-284.

[295] DAVIDGE G. R,MARTIN T A,STEED C M. Lacing support trial at Strathcona Mine[C]. Rockbursts and Seismicity in Mines, Balkema, Rotterdam,1990:363-367.

[296] 陆家佑.岩爆预测与防治中几个问题的研究现状[J].水电站设计,1993,9(1):55-59,54.

[297] 李庶林.试论深井硬岩矿山岩爆巷道支护[J].中国矿业,2000,9 (1):56-60.

[298] 吕祥锋,潘一山.刚-柔-刚支护防治冲击地压理论解析及实验研究[J].岩石力学与工程学报,2012,31(1):52-59.

[299] 何亚男.可拉伸锚杆的基本原理与设计[J].矿山压力,1987(2):16-19.

[300] 侯朝炯,何亚男.杆体可伸长锚杆的原理及应用[J].岩石力学与工程学报,1997,16(6):544-549.

[301] 何亚男,赵庆彪.杆体可拉伸锚杆的应用[J].矿山压力与顶板管理,1993(3):215-219.

[302] 赖应得,索金生.几种可伸长锚杆[J].煤矿开采,1998,3(3):49-50.

[303] 何炳银,王钰.沿空巷道锚杆与锚索破断的调查分析[[J].矿山压力与顶板管理,2005(1):55-57.

[304] 徐祯祥.岩土锚固工程技术发展之回顾与展望[J].市政技术,2009,27(2):136-140,185.

[305] FREEMAN T J. The behaviour of fully-bonded rock bolts in the Kielder experimental tunnel [J]. Tunnels and tunnelling-intenational, 1978, 10(5):37-40.

[306] 张乐文,汪稔.岩土锚固理论研究之现状[J].岩土力学,2002,23(5):627-

631.

[307] EVANGELISTA A, SAPIO G. Behaviour of ground anchors in stiff clays[J]. Revue francaise de geotechnique, 1978(3): 39-47.

[308] 陈广峰,米海珍.黄土地层中锚杆受力性能试验分析[J].甘肃工业大学学报,2003,29(1):116-119.

[309] 程良奎,范景伦,韩军,等.岩土锚固[M].北京:中国建筑工业出版社,2003.

[310] 赵明华,刘峻龙,龙照.锚杆变形分析与临界锚固长度计算[J].建筑科学与工程学报,2008,25(3):17-21.

[311] 张洁,尚岳全,叶彬.锚杆临界锚固长度解析计算[J].岩石力学与工程学报,2005,24(7):1134-1138.

[312] 尤春安,战玉宝.预应力锚索锚固段界面滑移的细观力学分析[J].岩石力学与工程学报,2009,28(10):1976-1985.

[313] 范世民.不同锚固长度锚杆作用效果分析[J].矿山压力与顶板管理,2005(1):78-79.

[314] 杨春丽,王永才.金川矿区深部巷道支护方式优化数值模拟研究[J].金属矿山,2008(3):71-74.

[315] 宋桂红.加锚裂隙岩体整体力学性质研究与分析[D].武汉:武汉理工大学,2006.

[316] 许强,黄润秋,王来贵.外界扰动诱发地质灾害的机理分析[J].岩石力学与工程学报,2002,21(2):280-284

[317] 左宇军,唐春安,朱万成,等.深部岩巷在动力扰动下的破坏机理分析[J].煤炭学报,2006,31(6):742-746.

[318] KAISER P K, MALONEY S, VASAK P, et al. Seismic excavation hazard evaluation in underground construction[C]. The 7th international symposium on rockburst and seismicity in mines, Dalian, China, 2009: 1-26.

[319] 何满潮,袁和生,靖洪文.中国煤矿锚杆支护理论与实践[M].北京:科学出版社,2004.

[320] 陆士良.高阻力全长锚固锚杆围岩控制的机理和效果[J].煤炭科学技术,1999,27(7):37-39.

[321] 卢须芬,张燕军.树脂锚固剂在岩土工程中的应用[C]//苏自约.中国岩土锚固工程协会第十五次全国岩土锚固学术研讨会论文集.北京:人民交通出版社,2006:501-504.